築夢

Building Dreams
in the Greater Bay Area

港澳青年的南沙故事

在灣區

本書編委會　編

一組新時代大灣區的青年羣像

展現十一位傑出港澳青年的奮鬥人生

序一

闊步前行，皆是天地

　　2019 年 2 月，中共中央、國務院印發實施《粵港澳大灣區發展規劃綱要》，提出建設粵港澳大灣區，既是新時代推動形成全面開放新格局的重大佈局，也是推動"一國兩制"事業蓬勃發展的嶄新實踐，"粵港澳大灣區"在國家的經濟建設和發展大局中擔當著重要的角色。

　　近年來，南沙被賦予了眾多新目標定位。《南沙方案》也作出了明晰的指引："立足灣區、協同港澳、面向世界"的重大戰略性平台。在粵港澳大灣區建設中，南沙的發展對於整個區域的發展至關重要，亦有望在未來成為粵港澳大灣區的核心引擎和增長極點。當下正是大灣區發展的最好時機，灣區青年同根同源，交流融合是必然的趨勢。只要覓得合適的平台和機會，就能成就無限可能。

灣區同源，海闊憑魚躍

　　青年強，則國家強。廣大港澳青年不僅是香港、澳門的希望和未來，也是建設國家的新鮮血液。近年來，越來越多的港澳年輕人開始跳出傳統，重燃起那份讓港澳繁榮騰飛的拚搏精神，以嶄新的姿態投身於大灣區的建設浪潮。同時，大灣區也給這些逐夢者提供了

足夠廣闊的舞台和空間，通過政策引導、資金扶持和優化服務，積極推進港澳青年創新創業基地等孵化載體建設，進一步優化港澳青年來粵發展的環境。

雖然目前仍有一部分青年對大灣區的發展了解還不夠深入，抱有些許的顧慮和猶豫，但幸好我們民生融通，文脈相親，還有一批先行的逐夢者已經在南沙打拚和生活多年，橫跨科技創新、潮流文化、教育、金融、跨境電商等多個領域。從有夢、造夢到逐夢，從來不是一段簡單的旅程，險阻、困惑，沿途的每一個選擇，都有可能展開一段全新的故事，因此與逐夢者的對話是值得被反復閱讀和體會的。他們所遇到的挫折或成功，相信定能為大家帶來深遠的借鑒和啟示。

有一分熱，則發一分光

本書從港澳視角出發，進行了深度的人物採訪工作，通過"書稿＋音頻＋視頻"融媒體形式，真實地記錄了他們的奮鬥故事和心路歷程，多方位講述大灣區人文生活、營商環境及政策便利，為大家提供了各種關於在南沙創業、就業、就學和生活的案例及深度的思考。過來人的經驗和意見，對想了解及有意投身大灣區發展的港澳青年來說，有很大的幫

助。希望通過本書中那一批先行者的故事，以及對政策內容的分析和解讀，實質性地為港
澳青年提供在大灣區發展的路徑參考。

　　大灣區具有多元化的文化環境和創業氛圍，從初創企業到行業巨頭，從科技前沿到文
化創意，每一個領域都充滿了無限的可能與機遇，如何將融合多元變為合力，這是青年們
需要思考的問題，也是他們必須要面對的一堂必修課。

　　生逢盛世，有一分熱，則發一分光。

　　我們能身處這個年代，真的很幸運，不但能夠親眼見證和享受國家、城市、經濟、社
會繁榮的建設和進步，還可以投身其中，成為這一偉大歷程裏的主角。衷心希望能藉著這
本書的出版，可以鼓勵一眾青年朋友把握機遇，發揮所長，既能穿梭於維多利亞港的璀璨
夜景，感受濠江的澎湃動力，也能領略珠江兩岸的壯闊風光。

中國工程院院士、粵港澳大灣區院士聯盟副主席、香港大學原副校長

2024 年 1 月

目　錄

政策知多點

灣區青年說

霍啟文 Kaiman Fok

孫弘睿 Herro Suen

鄺玉球 Veronica Kuong

陳智誠 Alex Chan

香小婷 Jamie Heung

曾祥盛 Chris Tsang

林諾謙 Kenny Lam

李偉杰 LK

陳慧蘭 Rona Chan

陳慧蘭 Rona Chan

李柏亨 Chris Lee

蔡嘉雯 Janet Choi

01

霍英東集團霍啟文

萬變守其本，循夢向“南”行

霍啟文 *Kaiman Fok*

- 廣州市政協常委
- 霍英東集團副總裁
- 香港廣州青年總會主席

爺爺在我這個年紀的時候，就已經叱吒風雲了。這些年的經歷讓我有了很深的感觸， 一個人追求自己的人生價值和目標其實是有限的，但如果通過家族或精神的傳承，融入到國家發展建設的使命之中，就會得到昇華。我想，這也是時代賦予新一代青年的責任。

　　不負霍家之名，作為著名企業家霍英東的孫子，霍啟文有著普通青年身上罕見的幹練與穩健；而立之年已是獨當一面的企業家，精益求精的處事原則完全內化於心。有人認為，在他身上能看到爺爺霍英東的影子。因此，"霍家少爺""霍三代"等標籤與議論始終伴隨著他的成長——這是出身名門必須揹負的荊棘之冠，但他早已學會了接納："出來工作那麼多年，我都在努力做好自己，現在的我已經不在意這些家族的標籤了。"

　　走上公眾舞台，聚光燈下的霍啟文英姿颯爽，沉穩的氣質讓他不言自威；而當退至幕後，私下的他卻隨性直率，他願意分享自己的夢想與思考，敞開心扉，聊自己曾經的失敗與挫折；也會談起自己在廣州的衣食住行，偶爾還會吐槽一下趕工項目加班到凌晨三四點的"打工人生活"。

　　他有著年輕人的敏銳與溫柔，總為別人想得多一些。在採訪開始時，還會打趣道，"別緊張，我比你還緊張"。風趣體貼、平易近人，比起"老總"，更像是多年不見的"老友"。

　　下午三點的陽光正好，窗外的珠江泛著晶光緩緩流淌，送來一絲溫和的風。和家裏人一樣，他的事業和理想也在南沙交匯，在這片承載著家族願望的土地上書寫著自己的奮鬥人生。

1. 一代人有著一代人的使命

"我記得那時爺爺常說,有國才有家。如果一個國家不強大的話,哪怕我們每個人都富有,擁有多少東西也都是假的。"

在小時候的霍啟文眼裏,爺爺霍英東言傳不多,但身教不止。無論是抗美援朝時期不顧港英政府的禁令,執意為新中國輸送包括橡膠、鐵皮、藥物在內的重要物資;還是改革開放初期,在被同僚"唱衰"的情況下,毅然決然砸錢回祖國投資,在廣東留下了第一家由中國人自己設計、建造、管理的現代化大型中外合作酒店,為外資進入中國種下"定心丸"……爺爺的這些事蹟在年幼的霍啟文心中種下了名為"愛國"與"勇氣"的種子,也奠定了他人生的底色。

▌幼年霍啟文與父親霍震寰(左)、爺爺霍英東(右)

如今,在廣州安家打拚多年的霍啟文,已經可以自如地切換工作和生活的節奏,當被問起最初對內地的印象時,他沉思了一下,說道:"我想應該是第一次去中山溫泉賓館的時候,那時父親經常會帶我們回中山探親和遊玩,我當時就覺得這邊有很多新鮮事物,也有很多好吃的,尤其是在這裏還可以看到煙花。因為那時的香港已經不給放煙

▌霍英東早年在內地考察

花了，但是中山這邊還可以。"這段看似平淡無奇的探親之旅，卻是霍英東給子孫們的又一次"身教"。

中山溫泉賓館是霍英東響應國家改革開放的號召，在內地投資的第一個項目。在1980年中山溫泉賓館的開業典禮上，霍英東放話給質疑改革開放的人："誰講中國的改革開放不行，請你來看中山溫泉賓館。你們不信祖國的改革開放會成功，我信！"

如今回想起來，霍啟文笑稱，這是他與改革開放的第一次"見面"，也是他第一次直觀感受時代的脈動。"當時到處都有工程，到處都在修路，轉眼間幾十年過去了，這些基建已經成為了帶動中國經濟發展的動力。"車水馬龍的喧鬧取代了機器的轟鳴聲，窗外屹立於城市天際線的幢幢高樓早已看不出當年的影子。

這種從無到有的巨變，不僅發生在中山。隨後，廣州白天鵝賓館、北京貴賓樓食肆相繼建成，南沙的開發更是傾注了霍英東無數心血。

霍啟文說，爺爺早就看到了南沙對於國家改革開放的重要性，為此從20世紀80年代起，就已經開始佈局南沙的開發，希望發揮南沙的優勢，打造帶動珠三角地區發展的引擎。這種強烈的願望驅動著霍英東為當時仍是一片灘塗的南沙投資數十億元人民幣，期盼將這片曾被稱為廣州的"西伯利亞"的土地變成廣州的"香格里拉"。直至去世，他心中的南沙夢也仍未停止。

"爺爺認為作為交通樞紐的南沙得到進一步完善後，將來會大大支持整個珠三角地區的經濟發展，這也是他當初去投資基礎設施的核心原因。另一方面，他也希望包括南沙的珠三角可以幫助香港解決一些民生問題。"

如今，南沙這片承載著國家富強願望的土地，已形成了國家新區、自貿試驗區、粵港澳全面合作示範區和承載門户樞紐功能的廣州城市副中心等發展新格局，霍英東的夢想正在逐漸成為現實，而三十多歲的霍啟文也正以堅定的信念和堅實的行動，延續著爺爺在他心裏種下的南沙夢。

勇敢、冒險、心懷家國，是霍英東人生的縮影，也是他嚴格家風的體現。

▌1993年，霍英東在南沙開發區成立掛牌儀式上

霍啟文向我們分享了一個發生在十多年前的故事：21 世紀初，霍英東在主持修建南沙大酒店時，遇上了土地問題——是收購現有農地，還是花更多錢填海造陸。"當時爺爺投資了很多錢，去填了 4 平方公里的土地，造了 7 公里的海岸線，還有 11 平方公里的'三通一平'建設。他始終堅持不能佔用農地的原則，因為當時全國大部分老百姓的溫飽問題還尚未解決，所以爺爺寧願花更多錢去填海，也不佔用農民的地。"

雖然這件事已經過去了多年，但當中的細節霍啟文仍記憶猶新，如數家珍。爺爺的處事原則讓霍啟文始終在思考讓發展惠及人民的具體方式："這麼多年來，南沙已經成為了我們家的一種家族 DNA，所以我也一直圍繞著爺爺的部署開展工作，希望可以再進一步實踐下去，讓更多人受惠於南沙的發展。"

2. "創三代"的拓荒與破局之道

作為霍家的一員，霍啟文是在爺爺創業守業故事的浸潤中長大的。

聽著爺爺白手起家，在時代中找準機會，成就一番大事業的故事，霍啟文心裏也暗暗決定——要成為像爺爺一樣成功的企業家。

目睹過數次時代的潮起潮落，行走在沉浮興衰的薄冰之上的霍英東深知創業要吃多少苦才能成功，當中不僅是靠個人的努力，更多的還有外在的因素，天時地利人和，三者缺一不可。不過相比分享"做生意"的經驗，他更喜歡問孫子："有沒有堅持體育運動？"對著年

▌大學時期的霍啟文（左一）與同學

▌青年霍啟文與爺爺霍英東

■ 創業時期，霍啟文的工作日常

少時的霍啟文，這是爺爺時常掛在嘴邊的教誨，但當時霍啟文並沒有太過上心，直至後來他經歷第一次創業。

22 歲時，拿到了英國杜倫大學金融和會計雙學位的霍啟文在父親的邀約下，回到香港加入霍英東集團，開始打理香港物業租賃、內地房地產開發和財務等工作，成功活化了有著近百年歷史的畢打行大樓。經過幾年的磨煉，霍啟文在 2012 年開始著手廣州番禺南天名苑地產項目，也計劃著投身創業大潮。

"可能大家會覺得，站在祖輩成功肩膀上的人，做甚麼都會事半功倍，但其實從小家人就和我們說，不要總想著靠家裏，路要靠自己走。說出來你可能不信，我也有試過從零開始的時刻。"

那一年，28 歲的霍啟文懷著開闢一番自己天地的決心，抓住了跨境電商業務的商機，並於 2015 年在南沙落地了"自郵行跨境商城"。通過保稅倉配貨和直郵相結合的方式，一方面為有志進入內地市場的香港供貨商搭建平台，另一方面也為內地顧客網羅香港及全球的優質商品。把握住了時代的流向與當時特殊的條件，主打護膚、美妝、保健品等日用品的"自郵行跨境商城"一開始就引起了廣泛關注，不少香港本土品牌紛紛進駐，相關事蹟也常常被傳媒報道傳播。

然而，隨著創業逐步推進，逆風也越颳越猛，政策收緊、團隊管理等來自內外部環境的壓力模糊了前進的方向。經過綜合的分析和考量，2018 年，霍啟文最終選擇關停這項業務。風雨莫測的市場不遺餘力地展示了它的殘酷，給這個初出茅廬的年輕人上了一課。

"我那時突然意識到，爺爺當年的那句教誨其實是有經營哲學的。企業就和人一樣，無論多有才華、無論將來發展空間多廣闊，不能保持健康，都無法生存下去。"霍啟文認為，當時自己正是缺乏對內地的了解，沒能第一時間更新對內地市場動向的理解，由此誤判了行業整體發展方向與競爭動態。

為了保持"健康"，防止舊"病"復發，霍啟文改變了往日的行事方式。在做完一個項目後，除了復盤，他還有意鍛煉自己對於新事物的嗅覺，思考整個產業的生命周期，把握可能的商機，為下一個項目找好方向。

他這樣概括那段"苦日子"："雖然那一年是我人生中很'灰'的一段日子，但這些經驗和教訓對我日後的工作有很大幫助。所以，即使最後沒有成功，我依然十分享受整個過程。"

這次失敗更像是磨刀石，讓他的鋒芒越來越銳利，創業的心也越砥越澄澈——他在等待下一陣風。

2019 年，《粵港澳大灣區發展規劃綱要》問世，提出將廣州南沙打造為粵港澳全面合作示範區。南沙的發展成為了粵港澳大灣區深化改革開放的重要引擎，肩負打造粵港澳全面合作示範區的時代使命。這片承載霍英東夢想和家族記憶的土地，再次向霍啟文發出了命運之問：如何可以讓南沙成為最受港澳青年歡迎的、融入大灣區和內地的首選之地？

"我想起了之前那段創業經歷，港澳青年需要更加深入地了解內地的發展情況，才能從中把握住機會。我希望自己可以成為他們的輔助者，幫助南沙的發展，延續爺爺未竟的事業。"

霍啟文回憶道，爺爺堅持做生意賺錢不忘回饋社會的人生準則，因此霍英東集團多年來的工作都是從大局出發，考慮作為一家企業、一個個體，如何儘量幫助到社會，同時實現自己的商業目標。

時代要求與使命願景交織，幫助更多港澳青年認識南沙、理解內地，成為國家發展的重要支撐力量，也成為了霍啟文選擇的道路。

3. 薪火相傳，接續未竟的"南沙夢"

2023 年是霍英東先生誕辰 100 週年，如今從慶盛站出發，坐高鐵到達香港西九龍站最快約 35 分鐘；而乘坐廣州最快地鐵的 18 號線只需約 30 分鐘就可從南沙到達廣州中心城區……以南沙為圓心的交通網將會越織越密、越聯越通，霍英東先生所追求的"路相通"也將在不遠處的未來實現。

霍啟文坦言，他更希望的是港澳"心相通"，將港澳深度融入大灣區的發展格局。因為長期輾轉廣東與香港兩種文化環境中工作，他認為大灣區最大的優勢就在於文化的多元性："將澳門、香港、廣東三地的制度與文化相互融合互補，從中可以創造一個更大的價值。在這融合的過程中，需要三地政府尋求一個共同的突破點。"

而這個突破的關鍵則是青年人才的匯入，經過了這麼多年的實踐和體會，他確信港澳青年來大灣區將是一場完滿的"雙向奔赴"。

▋青春同心來廣州──港澳青少年知行灣區人文交流活動

▋霍啟文（後右三）與在廣州創業和實習的香港青年合照

作為廣州市政協常委、香港廣州青年總會主席，霍啟文和我們細數了這些年他對兩地發展的一些觀察和分析："香港目前在發展上也遇到了瓶頸，比如工作機會增長相對緩慢、整體的創業氛圍比較弱。這些對於港澳青年來說都是一些不得不面對的挑戰。"

"而內地近年的發展速度很快，機遇會比香港多，且生活成本和創業成本又相對低，因此對於青年人來說，我覺得現在是一個很好的時機。在創業過程中得到的經驗與能力的提升，相信會是他們受用一輩子的財富。"

昔日的"探路人"成為了如今的"引路人"，霍啟文將自己定位為輔助者，將促進港澳青年了解經濟與社會發展為自己的職責與使命。"我認為南沙非常值得港澳青年投入關注,這裏與廣州的其他區其實不算遠,現在發達的交通也可以讓人體驗到不一樣的生活方式。"他列舉了一系列利好港澳青年的政策,從生活、辦公、創業補貼等方面細數了南沙區的便利及發展優勢。

而作為企業家,霍啟文則通過集團,將更多港澳和海外優質資源引進南沙,以提供更多工作實踐機會、組織遊學團參觀企業等方式,讓港澳學生和青年可以來到南沙,親眼感受這裏蘊含的可能性。

▌霍啟文在亞洲青年領袖論壇發表演講

在他看來,這可以幫助港澳青年開拓眼界,讓他們將來思考問題時能給出一個更好的回答。"大灣區的產業結構是相當完善的,我希望港澳青年可以從上下游觀察每個行業,找到全方位發展的機會。"

隨著粵港澳大灣區的發展,在經濟與民生展現出獨特吸引力,霍啟文堅信"路相通,心更通"是完全可以實現的。他感歎道:"以前身邊的朋友是不會考慮去內地旅行,現在一有假期就會想帶著家人回深圳、廣州旅行參觀。這些年來,我能明顯感覺到大家對大灣區發展充滿了興趣和信心。"

最後,當問起個人未來計劃的時候,霍啟文笑稱道:"爺爺在我這個年紀的時候,就已經叱咤風雲了。這些年的經歷讓我有了很深的感觸,一個人追求自己的人生價值和目標其實是有限的,但如果通過家族或精神的傳承,融入到國家發展建設的使命之中,就會得到昇華。我想,這也是時代賦予

▌日常生活中的霍啟文

新一代青年的責任。"

　　交談的客廳裏，擺放著一座洛溪大橋的模型，在沙發的正對面，坐下就能看到。家裏整理得很乾淨，沒有留下太多生活的痕跡。採訪結束後，霍啟文邀請我們出去走走換換氣。他腳步迅捷，很快就走到了林蔭小道外的江邊。

　　初秋恰如其分的陽光照射在這張俊逸的臉龐上，他的眼神堅定而深邃。相比在屋裏，他更喜歡屋外的世界，變幻無常卻能匯聚萬物，如光，如水，亦如他。

採訪手記：生活花絮

Q：有點好奇，您平常的工作節奏是怎樣的？

H：(笑) 可能我是"工作狂"啦，平時生活都是工作為主，有時還會做到凌晨三四點。因為內地經濟變化萬千，每個行業的發展變化都很快，但也因此產生了很多商機。所以我都經常和同事說，要積極去適應這個變化，不僅只局限在自己的業務範圍內，也要去了解、去自我更新對不同領域新變化的理解，從而適應更多的挑戰。

Q：您覺得南沙未來的發展會在哪個方向？

H：我覺得南沙未來會往高新技術產業方向發展。其實我爺爺一直都認為，高新科技發展是國家富強的必經之路，所以在 1998 年的時候，就去了台灣的新竹高新科技園區，當時就很希望將那種模式引進到南沙，建成一個南沙高新科技園區。後來我們就與香港科技大學進行深度合作，共同成立了南沙資訊科技園以及香港科技大學霍英東研究院，主要就是希望香港科技大學的技術可以推動內地發展，當時也孵化出了一批很成功的企業。我認為，南沙在科技創新方面應該還有很大的發展空間。

Q：覺得現在的自己與 18 年前相比，有甚麼不同嗎？

H：(沉思後轉向助理，助理笑而不語) 我想……也許是頭髮少了吧，這算不算呢？(笑) 這個問題太難了。

（註：Q 為採訪者，H 為霍啟文）

02 灣區"築夢者"孫弘睿

修一條從港澳通往南沙的青年創業路

"青年心聲"

孫弘睿 *Herro Suen*

- 廣州市南沙區港澳青年五樂服務中心主任
- 粵港澳（南沙城）國際青創社區總經理
- 廣東省中京國科投資集團董事

> 大灣區對很多香港後生仔來說，是一個好的時機。他們常常說'心中有股怒火'，我希望他們當中有更多的人能夠時刻保持這份對機遇的渴望和對未來的憧憬，主動抓住和內地重疊的機會，勇敢地邁出屬於自己未來的步伐。

　　孫弘睿端坐在椅子上，面對著鏡頭，嚴肅而認真地介紹自己："我是中京國科投資集團的董事，還是廣州市南沙區港澳青年五樂服務中心的主任……咳，對不起，我不會再笑場了。"在南沙創享灣內一間窗明几淨的辦公室裏，一份持續了 5 秒的嚴肅感因為孫弘睿的笑場而消失殆盡。

　　如今 38 歲的孫弘睿於 2006 年進入暨南大學國際關係學院就讀，在香港成長而在內地接受高等教育的經歷，讓他可以用不同的視角看待世界。完成學業後，他選擇到母校就任暨南大學創業學院校友會會長，輔助一批後輩發展。

　　回想從前，他毅然決定從父輩辛苦努力才扎根的香港回到內地讀書，賣過酒，做過電商，開過跨境商場，也曾在金融界一窺世界法則。作為一名從香港到內地拚搏多年的"老"前輩，他深知港澳青年在內地創業時面臨的窘境。2020 年，他決定為這些港澳青年，這些"當年的自己"，修築一條從港澳通往南沙的青年創業路。於是，孫弘睿來到了廣州南沙，以粵港澳（南沙城）國際青創社區為起點，後來發起成立廣州市南沙區港澳青年五樂服務中心。

　　他說："我自己是從香港基層家庭一步步走出來的，或者正因為如此，我太明白、太了解，香港人（在內地創業會）被甚麼限制，尤其是基層市民。"

1. 迷茫中的童年與成長

孫弘睿成長於香港一間擁擠、老舊、時常被爭吵聲所環繞的公屋裏。他的父輩從內地遷徙至香港，卻仍舊未能開啟一段"想像中的幸福生活"。

"我的父親到香港後主要就是做地盤散工，母親做出納，特別是 90 年代中期大家的人工都比較微薄。"他回憶道，"兩份不豐厚的人工還要養活兩個小孩，還要負擔在內地的雙方父母和家人的支出，父母在家裏經常吵架，吵的都是雞毛蒜皮的家常事情。"

當時年幼的孫弘睿躺在距離天花板只有 60 厘米的牀上，頭頂還橫跨著一條煤氣管道，他在爭吵聲中靜靜思考。"我還記得那個時候在想些甚麼，"他笑著給我們比畫了一下，"家裏到門外公共走廊的距離可能只有 80 厘米，只要父母一吵架，幾乎整棟樓都能聽到他們的爭吵聲，所以我那時經常在想著：自己家好像一點隱私都沒有。"

▌孫弘睿在接受採訪

隨著年歲增長，對未來的迷茫慢慢爬上孫弘睿的心頭。"我那時疲於應對心底的負面情緒，只能依賴幻想逃避現實。"

參加中學的升學考試時，憑藉著自己的天賦，孫弘睿考上了家附近一所相當好的中學，但入讀到後卻發現自己方方面面都被比下去了，甚至還有兩次留級。讀初中的他覺得"上學"對於自己來說好像失去了意義。唯一讓他慶幸的是初一下學期他得到了一台電腦，電腦玩壞了，他就自己修。慢慢地，他學會了一些電腦方面的知識。

因為這台電腦，孫弘睿命運的齒輪開始轉動。他喜歡上研究電腦技術、電子產品和互聯網，也參加了各種比賽，在校際比賽中取得了不少獎項。然而這些表現在只重視成績的學校裏難以受到重視，對比在互聯網上學到和見到所帶來的滿足感，同齡人所追求的高分、升學以及各種才藝學習，孫弘睿都提不起興趣。

"當時，我覺得自己或者應該換一個環境，再重新思考日後的方向。所以後來，我申請了退學。"退學後一個月左右，孫弘睿在互聯網上發現了一間當時香港特區政府為了緩解社會上的少數族裔矛盾而建立的社會實驗性學校，幾經斟酌後，他決定轉學到這裏。在這所學校裏，孫弘睿第一次深刻體會到了作為一個中國人的歸屬感，感受到了不同文化之間碰撞所綻放的魅力。

2. 我走上了"一條彎路"

"這所新學校裏，大部分同學的父母都是來香港打工的，他們來自不同的國家，主要是第三世界國家。當時，我是那個年級裏'唯二'的在中國文化中長大的中國香港人，"孫弘睿回憶道，"在交談中我發現，他們當中很多人對自己的家鄉沒有甚麼歸屬感，有些同學甚至覺得那只是一個地理位置，跟自己沒有太大的關聯。我覺得這樣的狀態挺令人難過的，對比之下發現，自己還是非常認可我腳下的這片土地。"

在這所學校裏真正點燃孫弘睿對"中國人"身份認可的，是他和他國朋友一起相處的經

▌中學時期的孫弘睿
（左一）與同學的合照

歷。這令他在畢業後再次作出了與眾不同的決定——當年，父母好不容易從內地"遷"到了香港；現在，他決定揹起行囊重返內地。他的父母、親戚，甚至師友們都難以理解這個決定，覺得孫弘睿又要走上"彎路"了。

2006 年，孫弘睿來到了位於廣州的暨南大學，開始了他的大學新生活。

儘管所有人都反對孫弘睿回到內地讀書的決定，但他卻在這裏抓住了機會。在廣州，孫弘睿遇到了 10 年前認識的一位舊友。而當時，孫弘睿幫他解決了電腦的問題。恰好，這位舊友正準備自主創業，他急需一名懂得計算機技術的合夥人。在這機緣巧合之下，孫弘睿收穫了在內地的第一份工作，參與到一支創業團隊中學習，收穫了人生中的"第一桶智慧上的金"，儘管項目在 2008 年底被關停。

在大學裏，孫弘睿覺得他所學的國際政治專業，對他的哲學思辨能力有極大的提升。他和我們分享道："在實際工作中，如果在大學所讀的專業不是工科類，其實很少有機會直接套用所學的專業技能。但文科專業教給我的很多思辨性的內容，讓我在思考時情緒更加穩定，這在後來為我提供了很大的幫助。"

▊ 大學畢業時，孫弘睿攝於暨南大學

3. 時勢造英雄，賽道現生機

2009 年，由於上一份工作中積累了一定的經驗，孫弘睿決定一邊讀書一邊創業，開了一家酒類銷售公司。每天他都帶著團隊，向廣州城裏大大小小的煙酒行進行推銷。

在一年的時間裏，孫弘睿驅車走遍了廣州的各個角落，看見了象牙塔以外的社會百態。"有段經歷令我很難忘，有一家煙酒行，我們前一天剛剛向他推銷完商品，第二天再去的時候，這家店竟然已經被整個搬空了。"孫弘睿說，"以前在學校的時候，很難想像一個光鮮靚麗的門面會在第二天突然消失。"

"每一個行業都講究是否契合時代，換句話說就是：時勢造英雄。"他說，當時最巔峯的時候，團隊開拓了超過六百家煙酒行、餐廳作為銷售點。

但是 2011 年，由於《刑法》對醉酒駕駛等條款進行了修訂，孫弘睿說，"酒類產品的生意面臨巨大變化，我們的酒類銷售公司受大環境影響，也沒法經營下去了。"

"不過那時也沒覺得怎麼樣，因為醉駕入刑對社會而言絕對是好事。"他撓了撓頭。

幸運的是，中國社會經濟的蓬勃發展與孫弘睿那份獨特的豁達感，令他重新出發：一位關係有點遠的朋友剛剛入職一家女裝服裝品牌公司，擔任新電商事業部總經理，需要人手來負責拓展電商事業。孫弘睿決定抓住這個機會，他在這家瞅準了時代風口的公司裏"打了三年工"，知識面得到極大拓展，不僅還清了債務，認識了一輩新夥伴，還遇到了現在的妻子。

但命運仍在捉弄著這位離港赴穗的年輕人。2014 年"雙十一"購物節過後，電商行業遭遇瓶頸，孫弘睿被公司辭退了。而更加雪上加霜的是，被勸退時他的孩子才剛剛滿月，正是需要用錢的時候。孫弘睿表示，那時害怕家裏人擔心，只能自己默默"消化"，努力去尋覓機會。

值得慶倖的是，三年的電商經歷和人脈積累讓孫弘睿很快找到了機會，一位業內朋友找到孫弘睿，表示有個朋友要在南沙做電商，但不知道該如何開始，建議孫弘睿去碰碰機會。

就這樣，2015 年 3 月，第一次去南沙的孫弘睿經過一個小時的洽談，便開啟了下一段冒險：成為新朋友在廣州市南沙區第一家線上線下跨境直購商場核心創業團隊中的一員，擔任運營中心的副總經理。

在開始的前兩個月裏，孫弘睿和其他創業夥伴咬緊牙關揹負著巨大的創業壓力——他們需要在兩個月內，從零開始，趕在"五一"假期前做到"能夠開門營業"的程度。

"那個時候我負責購物流程設計、軟硬件技術對接和海關個人報關系統對接與改良，每一個環節都需要反復測試。剛開始的那一個月裏，幾乎每天都要加班到 12 點。我家住在越秀，每天的通勤時間要 5 個小時，最後乾脆就睡在工位了。"孫弘睿感歎，"創業的確是很需要毅力的一種挑戰，長期堅持下來的確很辛苦。"

幸運的是，團隊的努力最終沒有被辜負，商場在"五一"如期開張。"很快，商場門口每天都排滿了隊，生意可以說非常火爆。"許多消費者折服於商品的實惠與優質，甚至驅車數小時前來購物。

"也就是在這次創業裏，我慢慢建立起能稱得上'靠得住'的團隊，自己也從落手落腳（凡事親力親為）的技工變成一名管理者，可謂從'士兵'到'將軍'。也終於，我可以說自己能在廣州立足了。"

▌當時的跨境商城南沙店、廈門分店盛況

4. 修一條從港澳通往南沙的青年創業路

轉眼來到 2022 年，孫弘睿已經從跨境直購商場的工作中退出了數年。

離港赴穗，創業十餘載，孫弘睿親身感受到內地經濟的蓬勃發展，見證著各行各業的崛起壯大。他覺得，自己所謂的艱苦經歷其實和其他同樣平凡而努力的創業者並無不同。如果真要說有甚麼不同，或許正是自己那顆無懼未知的探索之心，讓他走到了今天。

▌孫弘睿（前排左二）與團隊成員合照

孫弘睿感慨地說："所以現在很希望能夠為後來的香港創業者'撐起一把傘'，為他們修一條'從港澳到內地，尤其是到南沙的創業之路'，就好像在幫助當年的自己一樣。"

"2019 年，恰逢我的朋友說共青團南沙區委邀請他到南沙成立青創基地，我們就商量能不能從孵化的角度切入，去幫助更多的港澳青年來到內地創業。又或者說，多給他們一條路，一條除了留在香港打工以外的出路。"

2022 年，孫弘睿與幾位好友一拍即合，在南沙創享灣成立了港澳青年五樂服務中心，旨在為有志於來內地發展的港澳青年們一個見世面、找機會的平台，也給他們提供一些投資，期待能吸引更多港澳青年來穗發展，助力他們築夢大灣區。

▍曾經並肩作戰的團隊現在仍會定期聚會， 一起話家常

「我希望來到中心的港澳青年創業者能夠保持'怒火'，」孫弘睿尤其認真地和我們說，「大灣區對很多香港後生仔來說，是一個好的時機。他們常常說'心中有股怒火'，我希望他們當中有更多的人能夠時刻保持這份對機遇的渴望和對未來的憧憬，主動抓住和內地重疊的機會，勇敢地邁出屬於自己未來的步伐。」

「我們現在會通過一些香港本土社團來聯繫香港本地的年輕人，聯繫那些和我當年一樣迷茫的青年，傾聽他們對未來的一些想法。」

▍孫弘睿（左一）參與港澳青年五樂服務中心啟動儀式

▌孫弘睿為港澳青年發表主題演講

　　孫弘睿說，如果讓他描述目前為止五樂服務中心所取得的成就，用這個場地曾接待了多少位領導、多少來參與活動的港澳青年這樣的數據來做標準的話，或許能夠展現出非常喜人的成果，"但這些表面的數據不是我所追求的——創辦五樂服務中心，我覺得最有價值的是我們接觸到了很多基層香港青年組織，這些基層組織是以往內地政府較少接觸的。現在我們聯繫很多香港的基層，還有藝術、體育、文化相關的組織，他們通過中心了解到了更真實的內地情況。舉個例子，會有很多的香港畫家、藝術家甚至體育從業者願意和我們交流。"

　　與普通的創業基地不同，孫弘睿表示五樂服務中心不是"二房東"，中心不做盈利運作，而是一個幫助全區有潛力的項目做升級服務的"孵化器"中心，統籌管理南沙全區的青創基地。他認為，創業項目如果只停留在青創基地裏，就永遠無法做到"茁壯成長"。五樂服務中心的宗旨就是要實在地幫助項目走出去、走得更遠。

　　當被問起對有意創業年輕人有什麼建議時，孫弘睿笑了笑，和我們分享了他這些年沉澱過後的內心所想："首先，永遠只和自己比較，堅持自己的初心。與其關注別人成功的客觀條件，不如將注意力放在自己的成長和進步上。其次，遇到困境時一定不要讓自己'躲'起來，越是有危機感，就越需要有外部的力量給到你一些支持或啟發。一個人走真的太辛苦了，有志同道合的朋友一起組成聯盟，會走得更遠。"

　　孫弘睿坦然道，這些並不能稱得上是專業的建議，但卻是一個普通人在不同的市場裏"摸爬滾打"多年後總結出來的經驗，要是能給到大家一點借鑒或參考，那便足夠了。

　　採訪最後，孫弘睿和我們說："我希望能夠盡中心所能，搭建一個平臺，真正實現資訊的

■ 五樂組織的户外體驗活動

■ 南沙濕地龍舟比賽

交流互通，消除障礙。"

　　30 年前那個依靠幻想逃避現實的少年，在 30 年後決定幫助更多的少年實現夢想。

Q：創業是一條漫長而曲折的道路，當感到壓力大的時候，您會用甚麼方法去解壓，調節自己的狀態？

S：其實做自己喜歡的、自己主動去做的事情的時候，通常是不會覺得有壓力的。可能會感到疲勞，但不會有壓力。如果你覺得這份工作充滿壓力，做完就想趕緊丟掉的話，那我會建議你不如換另一份工作。

Q：您在多家企業和機構中擔任重要職位，相信日常工作一定很繁忙，您會怎樣分配自己的時間和精力？

S：哈哈，其實這個很難分配。我只能說，做事情必須有取捨。當你認定要去做一件事，在權衡利弊以後，那就全力去做，儘量把事情做好甚至做到極致。這個時候，另一邊會自然而然地去諒解你。

（註：Q 為採訪者，S 為孫弘睿）

03

首批大灣區律師酈玉球

澳門"大狀"不可名狀的勇敢之心

"青年心聲"

酈玉球 *Veronica Kuong*

- 全國首批獲准在粵港澳大灣區內地九市執業的粵港澳大灣區律師
- 澳門執業律師、私人公證員、中國委託公證人
- 金橋司徒酈（南沙）聯營律師事務所高級合夥人

> 我們叫'兩地牌'嘛，兩地牌不只是說車。指我們的話意思就是具有澳門（或香港）和內地兩地的律師牌，同時負責兩邊的業務。

　　鄺玉球律師蹬著高跟鞋走進辦公室的那一刻，就立馬進入了工作狀態，她配合導演的機位和燈光，從容不迫地調整著動作——"是這樣嗎？""我看著她就可以，對吧？"其間她的酒窩始終掛在臉上。如果不是我們問起，也許大家都看不出來，她今天上午還在澳門處理其他工作，剛剛才到達南沙。

　　鄺玉球精通中英葡三語，是不可多得的同時掌握澳門和內地的民商法，並獲得了兩地執業資格的法律人才。如今，她已成為全國首批獲准在粵港澳大灣區內地九市執業的律師中的一員。

　　採訪正式開始前，鄺玉球將我們準備的提綱放到一旁，說自己"不需要看，我更願意把採訪當作一次聊天"。她隨和的性格也感染了在場所有人，氛圍變得輕鬆起來。

　　專業人士的嚴謹和平易近人的氣質在鄺玉球的談吐中自然地融合，她眼神中的堅定讓人相信，如果一切重來，她依然會勇敢地邁出步伐，完成職業生涯中的兩次重要跨越。

1. 放棄"鐵飯碗"，從葡語語義到法律正義

"你有權保持沉默，但是你所說的將來會作為呈堂證供。"

相信所有看過 TVB 律政劇的觀眾都會對這一句話印象深刻，鄺玉球小時候也在電視劇中看到過很多追求正義的律師形象。但是，"受到律政劇耳濡目染從而走上律師道路"的劇情並沒有發生在鄺玉球身上，她上大學選讀的專業其實是中葡翻譯。

▌1997 年，鄺玉球（前排右一）完成澳門大學中葡翻譯學士學位課程

1997 年，鄺玉球的大學生活進入尾聲，六月，她就要以中葡翻譯學士的身份畢業了。不出意外的話，鄺玉球會找到一份專業對口的工作，在翻譯領域裏繼續遠航。然而，鄺玉球的職業航向其實早在她大三時就悄然發生轉變，轉變的原因與時代和個人的發展息息相關。

那是鄺玉球讀大三時的某一天，一位十分讚賞她語言能力的老師提出了一個改變了她職業軌跡的建議："要不要考慮去讀法律？"

這位老師的建議並非毫無根據，那時的澳門正處於回歸過渡期的最後兩年，即將面臨重大的社會變革，無論是對外經濟合作，還是日常生活交往，均湧現出各種各樣的法律問題。就對外經濟合作來說，如果外商要在澳門做生意，民商法律是必不可少的一環。因此，法律人才成為當時社會的緊缺資源。

除此之外，老師的建議還基於一個重要前提：鄺玉球具備在澳門學習法律的語言條件。內地與澳門的法律雖然都屬於大陸法系，但當時澳門的法律仍然使用葡語教學，大部分過往著作、教科書、學說和案例等都是用葡文編寫的。因此，在澳門，長期以來只有葡萄牙人、

▋大學時期鄺玉球曾代表學校到上海、北京等地參加宣傳澳門基本法的活動

土生葡人等掌握葡語的人才能夠進入法律界。而在澳門回歸前後的一段時間裏，同時掌握中葡雙語的人才非常少，這使得已經掌握中葡雙語的鄺玉球在澳門學習法律有一定的優勢。

最終，鄺玉球綜合了對個人事業發展的考量和澳門回歸初期社會對法律人才的需要，決定勇敢地邁出這一步，報考法律專業。這份勇敢和努力最後也沒有辜負她，畢業後，她再次成為一名"準大學生"，只不過即將學習的專業從翻譯變成了法律。

在等待開學期間，她還考取了公務員，做起了翻譯工作，在工作中獲取中葡翻譯的實戰經驗，也是為開學後更好地運用自身的語言能力做鋪墊。

不過，開學後的日子遠沒有想像中輕鬆。雖然語言對於鄺玉球來說並不是一個很大的阻礙，但葡語始終不是她的母語，大量的專業文獻還是讓她感到有些吃力。除此之外，還有時間分配的問題。在半工半讀的日子裏，作為公務員的鄺玉球需要按時到崗工作，午休的時間則被用來學習法律；晚上六點下班後，她會到學校攻讀法律課程，十一點才下課回家；第二天，她又會一大早起牀，利用上班前的空閒時間複習。

回憶起這段經歷的時候，鄺玉球不由得感慨，自己當時的精力都放在了工作和學習上，基本沒有出去玩過，現在想來好像確實犧牲了很多。不過下一秒，她又面帶微笑，說這些犧牲是值得的，工作經驗和學習收穫的法律知識相輔相成，共同成就了後來的自己。

1999 年 12 月 20 日，澳門正式回歸祖國的懷抱，隨著澳門與海外國家商業往來的日漸密切，就業機遇也乘著東風而來，各個領域都釋放出生機活力，包括法律領域。

當然，正在讀法律的鄺玉球也並非毫無顧慮，公務員畢竟還是"鐵飯碗"，在當時的澳門，薪金相對較高，要不要更換賽道仍是一個困難的抉擇。

2002 年，鄺玉球從澳門大學法律課程（葡文班）畢業，正式成為一名法學學士。在那一刻，酈玉球內心的猶豫和躊躇盡數消散，在自己認定的法律道路上勇往直前，才是對五年的付出最好的回報。

"所以我就開始做律師，一切從頭開始，這也是一段經歷嘛！"她接受採訪時輕描淡寫的一句"從頭開始"，就這樣概括了她職業生涯的第一個重要轉折點。

2. 原本既定的職業之路，又再次跨出新的一步

2007 年，一位澳門客户敲響了酈玉球辦公室的門，進來坐下後，他著急地說道："我的家人在內地發生了交通意外，希望您能幫忙處理申請賠償等民事責任問題！"

客户的目光殷切，卻讓酈玉球犯了難。當時的她只是澳門的執業律師，無法辦理內地法律事務。酈玉球先就事故的

■ 酈玉球（中）與事務所律師一起研究案件

大致情況給出初步意見，隨後幫他聯繫在珠海的律師朋友。

事情已經得到了解決，自己也完全從這一案子中抽離出來。然而，酈玉球心中卻始終縈繞著一種無力感，因為這是她遇到的第一單涉及內地的案子，但她全程只能擔任一個中間人的角色，而不能親自為客户解決問題。

無獨有偶，與內地有關的法律問題開始時不時出現在酈玉球的工作中。

除了執業律師外，酈玉球還有一個身份，那就是澳門的私人公證員。在處理工作中，她也發現澳門和內地法律有很大的不同之處，其中一個就是繼承人的排序。澳門民法典第 1973條規定：配偶及直系血親卑親屬，也就是說配偶及子女是第一順位繼承人；但根據內地繼承法第十條的規定，法定繼承第一順序則是配偶、子女、父母。

說起這件事，酈玉球的語氣顯得有些無奈："過去遇到牽涉到內地的法律制度和程序，我和同事只能'紙上談兵'地查閱一些資料。"不能直接承辦內地案件，也就無法實質性地去改變甚麼。

▍鄺玉球在接受採訪

　　不過，這種情況從 2020 年 10 月開始有了轉機，國務院的一項決定給鄺玉球打開了一扇新世界的大門。

　　2020 年 10 月 22 日，國務院辦公廳印發了《香港法律執業者和澳門執業律師在粵港澳大灣區內地九市取得內地執業資質和從事律師職業試點辦法》，"粵港澳大灣區律師"就此誕生。鄺玉球彷彿看見一個前所未有的法律空間在她眼前徐徐展開，自己先前在工作中所遇到的阻礙也即將能夠迎刃而解。

　　自 2019 年 2 月至今，《粵港澳大灣區發展規劃綱要》印發已有五年多，大灣區建設熱潮澎湃，加之粵港澳地區本身地緣相近、人緣相親，區域內聯繫緊密，將有越來越多的港澳居民和企業選擇來到內地發展。而港澳居民在內地居住和設立公司，在租賃、購房或擬定公司合作協議時難免會需要法律人士的協助，這便是生於港澳又熟練掌握內地法律的律師們最大的用武之地。

　　鄺玉球認為，如果他們繼續緊抱著澳門這個市場不衝出去的話，無論是對個人還是律所的發展都不利。於是，她查看了報名參加粵港澳大灣區律師執業考試的要求，發現自己都符合，沒有多想，便毅然地給自己下達了職業生涯的第二份挑戰書，接受了名為"成為大灣區律師"的挑戰。

　　這次備戰，她足足用了大半年時間，開始學習內地法律課程，這讓她感覺回到了多年前半工半讀的時候，不同的是，經歷了多年的錘煉，如今的她更有勇氣，也更有實力。

在考試前，鄺玉球先是接受了司法部組織的有關法律知識培訓。考試合格後，鄺玉球還需要參加廣東省律師協會的集中培訓，考核合格後，才可以向廣東省司法廳申請粵港澳大灣區律師執業。

2022 年 7 月 6 日，廣東省司法廳為鄺玉球等四位港澳律師頒發了律師執業證（粵港澳大灣區）。在一個多月後舉辦的領證儀式上，鄺玉球身著象徵莊嚴和正義的律師袍，將粵港澳大灣區律師執業證穩穩地握在手中。

▌領取粵港澳大灣區律師執業證後攝於律所

自此，她職業生涯的又一新篇章也正式開啟了。

3. 我與法律一直並肩同行

2022 年 8 月，廣州市南沙區人民法院（廣東自由貿易區南沙片區人民法院）宣告成功調解一宗涉港民間借貸糾紛，此案成為全國首宗成功調解的、由港澳律師代理的案件，粵港澳法務融合帶來的好處開始突顯。這一案件既採取了澳門訴訟程序中的清理工作，也吸納了香港法庭中當事人提交證據時簽署屬實陳述的程序。

對於鄺玉球來說，此案還有一個特別之處，那就是採用了線上法庭的形式進行調解。她坦言，獲得新身份之後有一個不習慣的地方，那就是內地的法律程序的電子化程度比澳門發達很多。

"一些檔案在澳門來說像是這樣"，鄺玉球將手邊的書擺成一摞，"堆在桌面的，但是在內地，從立案、授權，甚至開庭各方面都可以線上進行，有很多程序電子化了，這個讓我們歎為觀止。"

進步的腳步永不停歇，從首宗案件調解成功，到採訪當天已有近一年的時間，當被問到在工作過程中有沒有發現大灣區發展法律方面的難題，鄺玉球將轉椅往前挪了挪，開始分享她的發現。

在採訪的前一天，她正好遇到一單離婚案，有一方在內地法院提起了一個離婚訴訟，另外一方在澳門也提起了一個離婚訴訟，這樣就產生了一個平衡訴訟的問題，暫時無法解決。平衡訴訟的情況其實並不罕見，若兩個離婚訴訟都在澳門發起，這樣的情況叫做訴訟已繫屬，後來的那個不會被受理，但問題是澳門以外的法院不受此限。這樣一來，兩地不同的判決就很容易產生衝突。

▌一路陪伴鄺玉球工作的律師袍，意義非凡

對此，鄺玉球也給出了自己的看法："法律是可以被修改完善的，通過兩地司法合作的協議來訂立一些規定，未來也許可以解決平衡訴訟引發的問題。"

4. 以南沙為圓心，繼續逐夢向前

鄺玉球作為粵港澳大灣區律師負責的首宗案件，是一宗由南沙區法院受理的涉港民間借貸糾紛。雙方當事人分別來自香港和廣州，兩人原是好友，因借貸產生糾紛，互不理睬，直到來到法庭進行調解。此次庭審運用到了廣州微法院小程序的線上系統，鄺玉球全程用粵語與雙方當事人交流，既符合當事人的口語習慣，也發揮了鄺玉球作為大灣區律師的優勢。

"謝謝鄺律師！"這宗案件在雙方當事人的道謝中告一段落，當事人也都得到了滿意的結果，昔日好友重歸於好，這也讓鄺玉球感到欣慰。

如今律所的發展步入正軌，鄺玉球不由得回憶起金橋司徒鄺（南沙）聯營律師事務所成立之初。考慮過多方因素後，律所的合夥人們看到了廣

▋金橋司徒鄺（南沙）聯營律師事務所為廣州市第一家粵港澳三方聯營律師事務所

州市南沙區的市場優勢和地域優勢，選擇在大灣區的"幾何中心"——南沙落户。

如今，隨著港澳企業在內地的業務增加，兩地居民的往來也更加密切，對於鄺玉球等粵港澳大灣區律師的需求也會不斷增長。粵港澳大灣區律師終於能真正將南沙作為港澳共同的第二個家，在這裏開展法務工作。

▋事務所團隊合照

▋鄺玉球在會議中發言

談及未來律所的發展，鄺玉球臉上露出欣喜又稍帶興奮的神情，她說：

"期待未來能看到聯營律所開拓更多涉外的業務，經由香港地區律所和歐美國家的交集，又或者透過澳門地區律所與葡語國家的聯繫，助力內外企業'走出去''引進來'，更充分地發揮大灣區律師的正向價值。"

採訪結束後，鄺玉球律師又邁著自信的步伐走向會議室，參與同事們的討論。

無論前方是荊棘還是坦途，她都有信心、勇氣和毅力去跨越。

採訪手記：生活花絮

Q：提起律師這個職業，相當一部分人會存在偏見：斤斤計較、只為自身利益謀事、錢來得快……對此，您怎樣看？

K：我覺得有時候可能是一些電視劇演得太片面了，不是所有律師都是五點就收工，去酒吧喝酒，週末和客戶去打高爾夫球，我想不一定是這樣的形象。

當然我們是有按時收費，但這只是體現一種專業形象，並不是代表斤斤計較。當客戶需要找一位專業的律師提供服務的話，律師當然會有預先的報價，其實是很合理的。當然每個地方可能會有不同的規定，內地可能也有一些收費的指引，那我們港澳地區也會有一些收費的指引，但始終都是按照市場的價格，哪個律師能給到我更好的服務，客戶就願意付出多一點錢。

Q：我們通常看到的都是您十分專業的律師形象，您工作之餘會有哪些愛好？

K：我喜歡看書，不過因為工作的時候就已經看了很多法律書，工作之餘就會特地去找一些法律以外的書籍來讓大腦可以輕鬆點。

還有就是，有一次跟著客戶了解到珠寶鑒定，我不愛好珠寶，但我對他們喜歡研究珠寶的原因很感興趣，就跟著他們一起參加了一些課程，學完之後我還把珠寶鑒定師考了，我現在除了做律師之外還可以進行從事珠寶鑒定。

（沉思了一下）有時候也會做做運動，保持身心健康也是很重要的，主要是這些，還有去旅行吧，我也很喜歡。

（註：Q 為採訪者，K 為鄺玉球）

04

空間優化科技陳智誠

"摺疊空間"造夢，南沙創業圓夢

"青年心聲"

陳智誠 *Alex Chan*

- 廣州空間優化科技有限公司總經理
- 廣州市南沙區港澳青年五樂服務中心副理事長
- 大灣區職場導師，曾獲"大灣區傑出青年創業代表"、
  "廣州市優秀創新創業人才"稱號

> 創業就好像在積水的路上行走，我不斷地丟石頭進行試探，可能會有塊石頭不被淹沒，我就先踏上去，再一步步向前丟石頭。尋找一條適合的道路，是一個漫長的試錯過程。

"南沙除了有硬件支持,還有圈子和朋友,在這裏創業能少走很多彎路。"

講到這裏,陳智誠爽朗地笑起來,指了指隔壁辦公室,開玩笑稱當初自己是被朋友"慫恿"而來,卻不承想正是這個看似"隨心"的決定,讓他一步步見證了南沙發展,也在這裏實現了最初的創業夢想。

理性、健談、幽默,是陳智誠帶給我們的第一印象。面對提問,他總能從不同的角度整理出答案,再結合個人的經歷,給出真誠又實用的建議。

"任何發展都要講求時機,而現在的粵港澳大灣區就正處於一個好時機……"分享起自己的創業故事,陳智誠顯得興致勃勃,調侃地敍述自己過去的數段創業經歷,一次次向我們強調時機的重要性。

如今36歲的他,自2006年從暨南大學畢業後,嘗試過延續父輩的五金企業,參與年銷上億的大型跨境電商平台項目,在不同的領域中闖蕩人生、昇華智慧。如今他選擇在南沙落地生根,憑藉摺疊空間科技領跑家居領域,又瞄準新能源汽車產業剛需,開發了"天軌智能充電系統"。

陳智誠希望能在南沙把夢做大、產業做強;也想通過分享自己的創業故事,助力更多港澳青年在這片土地上實現自身的價值。

1. 讀書、實習、創業……結下與廣州的 "不解之緣"

"我畢業於暨南大學的經濟學院,在那裏我掌握了金融、經濟方面的知識,更重要的是,結識了眾多熱衷創新創業的好友。"

陳智誠從小就有許多新奇的想法,而在大學階段,他亦屢屢將想法付諸現實,熱衷於和好友"搞些事情"。

留意到校園中不時出現的閒置單車,陳智誠湧現過"共享單車"的想法:將閒置單車收集起來,搭配上數字密碼鎖,並建立一個 QQ 羣,將有意短時間使用單車的同學集中起來,每日在羣裏投放公用密碼,供其使用。

▋陳智誠(後排左四)與大學同學

講到這裏,他有些得意,又有些遺憾,調侃道:假如當時物聯網技術完備,搭上互聯網經濟的發展熱潮,或許自己能成為一個共享單車創始人。

不過在大學時期,陳智誠還沒有明確的創業想法。畢業後,他像當時許多香港青年一樣,選擇回到土生土長的香港從事熱門的金融業。

然而，不同於電視劇中的金融精英西裝革履，舉手投足之間資金翻雲覆雨，剛剛步入金融業的新人，被分配到的都是"固定式"的瑣碎事項，"Ctrl C+Ctrl V"是陳智誠對這份工作的最深感受，就算沒有他，其他任何人也一樣可以做。

"那段日子，站在這個位置上，彷彿一眼就看到人生的盡頭了。"日復一日，陳智誠感覺生活仿若一潭死水，缺乏挑戰，更看不見上升空間。他開始懷念起在內地求學的日子⋯⋯

那時候他還曾參與到廣交會中，見識過萬商雲集的盛況。他回憶道，當時的自己在家族五金企業實習，作為代表與上下游供應商、渠道商溝通，與外來企業借鑒交流，互通有無。在人聲鼎沸中，他似乎能隱約聽到鮮活躍動的時代脈搏，創新創業的想法亦像一顆種子埋藏在了他的心中。這個中國與世界交往的通道，成為了他認識世界、擁抱世界的啟蒙之窗。

▌陳智誠（前）與哥哥陳智文在廣交會展位

有時候，人生似乎是被命運推著走的。

時代颳起的風，一下又一下，吹得人心潮澎湃，吹得內心深處的種子生根發芽。

2015 年，中國簽訂首個雙邊跨境電商協定，廣州南沙作為全國最早開始跨境電商貿易試點的地區之一，迅速發展起來。在朋友的提議和政策的吸引下，陳智誠放棄香港的工作，決心投身創業，回到了廣州，進入貿易領域。

不過這次的貿易不再僅僅限於線下，而是轉戰線上電商平台。一羣躊躇滿志的青年說做就做，組織起跨境電商貿易項目，乘著政策的東風，公司在第一年的銷售額就達到了上億元。

這樣分享起自己選擇內地發展的緣由，陳智誠才驀然發現，原來與廣州、與南沙的不解之緣，在很早前就已結下。

2. 在 "N+1" 中求新、求變的探索者

"創業就好像在積水的路上行走，我不斷地丟石頭進行試探，可能會有塊石頭不被淹沒，我就先踏上去，再一步步向前丟石頭。尋找一條適合的道路，是一個漫長的試錯過程。"

隨著人生角色的變化，升級當爸爸後的陳智誠從奔波勞碌的跨境電商項目退出，尋找其他合適的領域進行創業。

談到這裏，他臉上露出了寵溺的微笑："有人將事業看得很重，但我想花更多時間在家庭上，下班回家搓一搓我兒子的臉，陪我女兒玩玩遊戲，這樣我就感到很幸福了。"

憑藉過去項目累積的經驗、技術、人脈等，陳智誠多線並行地嘗試，研發過溯源平台，從事過商會服務，製作過關燈器等

▌與妻兒攝於暨南大學經濟學院

智能家居產品……他試圖從眾多嘗試中發掘出自身資源能力足以支持，又處於市場藍海的產業領域。

對此，陳智誠概括為 "N+1" 的特色創業理念："N" 是一個商業閉環，"1" 是創新突破。他認為，有足夠的資源能力，才能 "做得出來"，支撐產品落地；有渠道推廣，才能讓產品進入市場，實現 "賣得出去"；而創新則意味著產品和企業是否具備競爭力，是否能夠 "賣得好、賣得多"。

時機其實常有，但抓得住才叫成功。經過不停地嘗試、尋找，終於在幾年後，陳智誠發現了一個機遇。

在做智能家居的時候，他和團隊遇到一位客戶特殊的需求訂單，對方希望將十幾平方米的辦公室分為產品展示和辦公會議兩個可摺疊、可移動的部分。商討過後，團隊借鑒分層智能停車庫的模式，為客戶私人定製了第一代 "摺疊空間" 產品。

為了產品研發，陳智誠常穿梭於工廠與倉庫之間

　　"剛開始做沒有想那麼多，但看見成品後，不由得讓我聯想起港澳人士買房難，許多家庭蝸居的問題。"這款產品讓陳智誠不禁有了更深層的思考，"摺疊空間"智能家居似乎在港澳地區會有更大的市場。然而，此前的產品從私人訂製的角度出發，且偏向工業化設計，想要推出社會實現量產化，還要更多地考慮功能性、便捷性和體驗感。為此，團隊花了一個多月時間在港澳地區調研，明晰用戶需求，考察上下游供應鏈，一步步明確了發展方向。

　　正當大家準備"做一次大茶飯"（大幹一場）的時候，突如其來的市場變故阻礙了以線下交流為主的業務發展，產品底層結構也出現問題，研發資金又短缺，"摺疊空間"項目被迫叫停。

　　"講起來也是神奇，我偶然讀了一本書叫《從 13 人到 9000 多萬人：史上最牛創業團隊》，裏面將中國共產黨比作一個創業團

"摺疊空間"樣板展示（分區前、分區後）

隊，將黨史故事娓娓道來。這讓我對自己有了信心。"

抱著這份堅定的信念和決心，陳智誠開始尋找港澳青年的專屬創業攻略，經過市場調研和朋友推薦，他再次來到南沙這片創新創業的熱土。

3. "摺疊起來"的夢，也可以變得很大

老話總說，創業要順勢而為。但其實，也可以逆流而上。社會巨大變化之下，是挑戰，也藏匿著機遇。如何在其他競爭者被困住腳步的時候，你還能發現新路徑，進而保持前行，就是一種成功。

對於陳智誠而言，雖然原本的創業計劃被臨時打亂，但另一方面，這也給予了團隊"閉關修煉"的機會。而公司入駐粵港澳（南沙城）國際青創社區獲得的免租優惠，一定程度上也舒緩了公司的資金壓力。

"投不了產，那就繼續完善設計吧，原本我們的初代產品也的確存在提升空間。"

那段期間，陳智誠和團隊花了三個多月時間，上了三百多節網課，內容涉及機械技術、智能系統等方面。通過此次自學提高，團隊設計出了更安全、更人性化的第二代產品，相比第一代產品更節約成本，也更加穩定。值得一提的是，這個有效實現"空間摺疊"的產品還在 2020 年一舉拿下了"青創盃"第七屆廣州青年創新創業大賽港澳賽區初創組的二等獎。

■ 自學網課和相關設計軟件

■ 辦公室一角擺滿了過往所獲獎項

而陳智誠並沒有止步於此。

在和朋友的閒聊中，他們發現了新能源汽車面臨充電難、充電樁少的問題。"假如有可移動的充電樁就好了"，一句無意中的感歎又激發了陳智誠的創新想法。

"我的公司研發了可移動摺疊技術，而朋友的公司主攻新能源充電，為何不強強聯手，開發一個可移動的充電系統呢？"陳智誠和朋友一拍即合，說幹就幹。從家居邁向汽車充電領域，摺疊和移動的技術在新的賽道上再次得到了印證。

他們研發出"天軌智能充電系統"，將過往常設於地面的充電設備轉移到停車場上方。在天軌系統設計下，車主可以電話掃碼，"叫"一個可移動充電樁過來，充電結束後，設備自動

■ 天軌智能充電系統展示模型

■ 參加香港科大百萬獎金創業大賽

拔"槍"，再移動到下一個充電位，有效提高使用效率。

這個項目獲得了 2021 年"青創盃"第八屆廣州青年創新創業大賽港澳賽區初創組三等獎、"香港科大百萬獎金（國際）創業大賽"廣州賽區決賽優勝獎等榮譽，目前還在蘇州成功落地。

幾年前的陳智誠，不曾想過，這些由一個"摺疊空間"產品延伸的項目和夢想，會一步步變大，變豐滿，變到得以落地實現。

4. 乘南沙機遇之風，造未來理想之路

聽聞我們也有創業的想法，陳智誠很興奮，"那你們可以來南沙啊！"說話間，他站起身來，表示要帶我們參觀南沙的青年創業基地。

截至 2023 年 7 月，南沙已建成創享灣等港澳青創基地 12 家，入駐港澳台青創項目團隊（企業）超 500 個，陳智誠的團隊就是其中之一。

"我很感謝粵港澳大灣區提供的發展機遇，特別是南沙的'青創新 10 條'等措施，不僅有效緩解了我們這些創業者的壓力，還給了我們很多切實的機會和支持。"

如今的陳智誠，除了是一名創業青年，還是廣州市南沙區港澳青年五樂服務中心副理事長、大灣區職場導師，過去"摺疊"人生中所積累的經驗和智慧隨著一場場分享、講座慢慢展開、顯現，傳遞給更多的港澳青年。

"假如你們想驗證一個項目，究竟有沒有推出市場的可能，我建議你們多參加創業比賽，

▌陳智誠（右三）受聘為港澳青年五樂服務中心副理事長

▌擔任職場導師為香港青年講述創業經歷

也多參與一些項目交流的茶話會。"陳智誠說道,他認為大灣區舉辦的各類創新創業比賽和活動,不僅給予了青年創業的知識指導、資金支持,還搭建了青年與優秀企業家的溝通平台。面對面的交流、解惑,不僅激發了青年對創業的嚮往,或許也在無形中為他們鋪就了通往成功的人脈基石。

"我其實也算是見證著南沙的發展了,每次我下班看到辦公樓亮起的燈越來越多,乘坐的 4 號線地鐵上人流越來越密集,路過周邊開起的一家家商舖和食肆,都會產生一種感慨。"這份滿溢著人情味的"煙火氣",讓陳智誠更加肯定了當初的那個選擇。

談起與南沙的緣分,陳智誠總是笑稱是朋友的"遊說",然而讓他真正選擇留下來,則是南沙的創新創業圈子和氛圍,以及粵港澳大灣區發展所帶來的機遇。

未來,陳智誠打算留在南沙繼續發展,他也很期待,這個因"摺疊"成就的創業夢想,可以變得更大。

採訪手記:生活花絮

Q:現今您的事業有了相當的成果,父親對此有甚麼評價?

C:我想他會感到自豪吧,就像我現在也為人父,我對我的孩子未來期待就是他們能做自己喜歡的事情,只要所做的事是對社會有價值的,並且能夠讓他們賺錢養活自己,我認為就已經很好了。

Q:您時常提到創業的時機非常重要,怎樣才可以稱得上是好的創業時機呢?

C:我想,產生創新的想法可能比其他人早半步就好,要把握好播種的時機,不然即使有想法,做出了樣品,也缺乏量產和銷售的渠道。像之前的 QQ 羣共享單車,由於當時的網絡還不發達,沒有辦法做大做強。另外我還做過關燈器,我爸爸在二十多年前做過自動關窗簾的機器,但後續都沒有量產,而現在看這些家居產品又很受歡迎。所以說,我覺得這些創新想法早一步是先烈,早半步才是先驅。我的想法早了這麼久也就只能做"化石"了。

(註:Q 為採訪者,C 為陳智誠)

05

完人科技香小婷

草根至善之花綻放在南沙

◇◇◇◇◇◇◇◇◇◇◇◇◇◇◇◇◇◇◇◇◇◇◇◇◇

"青年心聲"

香小婷 *Jamie Heung*

- 95 後香港創業青年
- 廣州完人科技有限公司 CEO
- 閱途文化集團有限公司聯合創始人
- 廣州點野文化傳播有限公司聯合創始人

> 我自己對成功的定義可能會不同於世俗意義上的'成功'。一直做著自己中意的事情就好，是不是真的成功其實不重要，只要這件事對我來說有價值就 OK 了。

完人科技由香港青年主创，团队成员集合了粤港澳大湾区各行业精英。目标是为全健人士提供价格普惠的生活必需品，更实惠的价钱，更完善关怀，更尊严的生活。

项目名称及简介

完人科技由香港青年主创，团队成员集合了粤港澳大湾区各行业精英。目标是为全健人士提供价格普惠的生活必需品，更实惠的价钱，更完善关怀，更尊严的生活。听觉。团队基于扎实的技术研发技术和成熟的产品体系，推出了首款"EFFECT"第围绕不同年龄阶层听障人士的现实需求，以大数据应用、云计算为核心，构建了"件+云服务"一体化的半定制化助听解决方案，通过持续性跟踪服务和复合型补偿用户一次购买，终生无忧。

香小婷
项目发起人，无障碍设计者，女性连续创业家。
毕业于暨南大学，土生土长的基层香港人。15岁开始去麦当劳兼职，主持过2000+场生日会，并获得麦务奖"。兄弟姐妹均为社会工作者，在家人的影响下，参加超过300场义工活动，探访帮扶弱势团体、老人等，积累了丰富的服务经验，也培养了关爱弱势群体的正能量和社会责任感。

李欣欣
负责技术研发与品控\供应链管理
英国伦敦玛丽女王大学医疗相关专业毕业硕士生，曾推动创新性免疫细胞治疗血液肿瘤项目"CAR-NK"的落地等。对医疗和科技结合有深刻经验，以丰富的医学知识引发对算法方向。

陈新桥
负责品牌策划与宣传
拥有多家上市企业、国际品牌策划经验，曾撰写的获奖手书记签字。

侯秋莹
无障碍测阳问\体验测试师
一级听力残疾。广东省聋人协会2013-2018年度会长助理，2018-2023年度副监事长。广东省聋人协会�梦之风特殊人士艺术团副团长。
分别于2015年、2017年和2019年策划、组织及统筹执行全国首届听障演讲比赛、首届和第二届全国听障朗诵大赛，打破聋人"十聋九哑"的传统偏见。

孙弘睿
天使投资人\资源连接
广东铝晶医疗器材有限公司专创集团金融事业部总经中京国科投资集团总经理

15歲開始兼職，26歲實現三度創業兩次跨界。從廣告行業到科技領域，再投身文化產業。不斷嘗試新鮮事物是香小婷人生中最濃墨重彩的畫卷，她也熱衷於此。

在一個多小時的談話中，香小婷如數家珍地跟我們分享著她的故事。提起過往，燦爛的笑容總會洋溢在她的臉上，那些過往人生中的珍貴回憶也隨著她的講述慢慢地浮現出來，各色各面的香小婷也彷彿出現在我們面前，每一段故事都訴說著——正是過去經歷的一點一滴讓她成為了今天的自己。

1. 人生走的每一步路，都算數

"香港是一座很神奇的城市。它會讓很多普通家庭出身的人覺得自己的一生就是為了努力找到一份高薪的工作，然後做到退休。"香小婷如此形容。

香小婷出生在一個普通的香港家庭，家裏靠父親養活一家五口人。

安定是許多草根香港小孩的首選。

"我的人生字典中從未出現過'創業'二字。"在寸土寸金、階層固化的香港，香小婷曾經認為自己的未來就是找到一份收入不錯的工作，成為一名安穩的"打工人"。

然而，在暨南大學的求學經歷則徹底改變了香小婷原定的人生路徑。

"其實我一開始來這邊，是想著內地的教育競爭或許沒有香港那麼激烈，而且這邊的生活成本和學習費用都遠低於香港，讓我非常心動。"

起初，香小婷選擇的專業是生物科學。本以為這與中學時期學習的生物學科內容是一樣的，但後來她卻發現內地與香港的知識體系和考核標準存在著極大的不同，這讓她無所適從，甚至在大一滿分為 100 分的高數考試中考出了令人瞠目結舌的"36 分"。

▌香小婷（後排右一）與大學同學

"那時突然意識到，如果再繼續學這個專業的話，很有可能就沒辦法順利畢業了。不如試試換個賽道吧！"就這樣，大二的時候，香小婷決定轉入廣告學專業。

和志同道合的人在一起，或許才能創造更多機會。在一次"音視頻製作"的課堂上，香小婷創作了一條以香港著名電視節目《警訊》為靈感的搞笑短視頻，這讓同學對她的能力留下了深刻印象，並拋來了橄欖枝："不如一起創業，試一下不一樣的東西啦！"

同學的創業邀請讓香小婷意識到，原來人生的道路不只是成為一名"打工人"。對於新鮮的事

▍選擇創業後，在外演講已成為了"家常便飯"

物，香小婷天生沒有抗拒能力，便爽快地答應了。就這樣，"創業"二字正式進入到她的世界中，而這位少女的夢也將由此在灣區中逐漸萌芽。

2. 愛冒險的人生，才有意思

作為三家公司的聯合創始人，當被問到創業中遇到的困難時，香小婷這樣說道："我其實是一個不會把困難當作困難的人。遇到問題，我會想方設法地把它解決掉，而不會將其視作難以跨越的挑戰。"

在香小婷的視角中，自朋友拉她進入創業這一賽道後，一切後續經歷都是順其自然的。她感覺命運彷彿正用一條無形的線牽引著她前進，是機緣巧合組成了她前進的道路。

比如，一開始成立廣州點野文化傳播有限公司，香小婷和創業夥伴並沒有一個明確的方向，很多業務都是通過老師介紹而獲得的，也因此嘗試了很多不同的新鮮事物：拍宣傳片但找不到主角參演只能自己頂上、化身博主創作搞笑類短視頻、舉辦從只有 90 間學校參加到覆蓋全球的創意節、做餐飲品牌設計開"網紅餐廳"……

在外界看來天花亂墜的事情，卻一次次讓香小婷心潮澎湃，她的未來湧現出了各種各樣的可能，而不僅僅是回到香港工作安安穩穩等待退休的那一項選擇。

"我認為自己應該在每個不同的階段都嘗試新鮮事物，這樣才能有源源不斷向內輸入的能量支持我前進。"香小婷對人生有著這樣的期待。

▌參與策劃的音樂節與大學生廣告創意節現場照

成立廣告公司四五年後，香小婷隱隱約約地"感覺到自己進入了瓶頸期"。這段創業旅途中最讓她迷戀的"冒險感"好像消失了，自己不再能從中學習到新的東西，彷彿又陷入到當初循規蹈矩的無聊困境中。

然而，一次在母校的活動，讓她拾回了年少時一個最想實現的"夢想"。

3. 用心填補聽力障礙的缺憾

2020 年底，香小婷參與暨南大學創業學院活動時遇到了一位正在嘗試助聽器創業項目的學長，兩人都想著為弱勢人羣做一些有意義的事情。而香小婷的想法則來源於她 15 歲那一年的兼職經歷。

當時，作為家裏的長女，為了減輕父親的經濟壓力，她選擇去麥當勞餐廳兼職，做小朋友們的"麥當勞姐姐"。

在某天的一場生日會上，香小婷接待了一羣特殊的客人——聽障小朋友。

"當時我發現每個小朋友都戴著人工耳蝸，而聽力障礙限制了他們的語言能力的發展，舌頭笨拙，說話時容易口齒不清。"

從交流中香小婷得知，當時市面上的人工耳蝸價格從十幾萬到二十多萬不等。這對於很多普通家庭來說，是一筆難以承擔的費用。

"我那時很想讓他們過上一個快樂的生日，但那時除了這樣，好像就沒甚麼能為他們做的。"這些小朋友在小小的年紀，就被人工耳蝸束縛了人生——即使是在生日會上，都不能肆意地玩遊戲。無力感在香小婷心中油然而生，但當時的她卻無法改變甚麼。

經過數年，那顆在年少時埋下的種子在與學長的交流中再次萌發。兩人一拍即合，決定從用戶的角度出發，為聽障人士設計一款普惠型的輔聽工具。

雖然抱著一腔熱血，但在真正推動項目落地的時候還是遇到了很多難題。一開始創業的時候，團隊只有香小婷和另一名技術夥伴，助聽器在歷經了兩次迭代版本後的效果仍不盡如人意。

為了真正了解聽障人士在現實生活中遇到的困難，切實滿足他們的需求，

▌香小婷（右一）與團隊裏的聽障小夥伴

▌"珍惠聽"產品經過了多個階段的設計、開發和測試

香小婷決定邀請聽障人士參與這個創業項目，讓他們擔任創業夥伴，提供產品設計的意見。

作為文科專業的畢業生進入科技領域，當時的香小婷也面臨著知識層面的巨大跨度。但是，不試試怎麼知道呢？就這樣，這位越挫越勇的少女再次愉快地把接觸新領域當作一次冒險，一次提升。

"你說其實有多困難呢？好像也沒有。"香小婷笑道。

在大家的共同努力下，團隊中的聽障夥伴第一次在反復迭代的版本裏聽到鼠標清晰的滴答聲和水流潺潺的聲音，這讓香小婷覺得，這一路走來，都是值得的。

她孜孜不倦地汲取相關專業知識，積極向專業領域前輩請教，助力產品的研發和生產，並探尋可行的商業模式來推動產品的落地。

■ 香小婷在創業大賽中介紹 "珍惠聽" 項目

　　"作為初創企業，參加創業比賽是一條最低成本驗證商業模式及產品是否可行的道路。" 經歷數不清的市場調研、用戶反饋和比賽打磨，香小婷及她的團隊終於收穫了眾多認可：斬獲第八屆中國國際 "互聯網＋" 大學生創新創業大賽廣東省級金獎、第八屆粵港澳台大學生創新創業大賽三等獎、"雲創盃" 2021 年創新創業大賽三等獎、2021 前海粵港澳台青年創新創業大賽銅獎、香港科大百萬獎金（國際）創業大賽廣州賽區優秀獎等獎項。

　　不過，香小婷並沒有滿足於這個項目的 "成功"，"你說這個項目有多成功好像也沒有，但是它總會在社會上掀起水花，可能能夠讓更多的人認識到聽障羣體的需求，理解他們面臨的困境。對我來說，這也就足夠了。"

　　目前，"珍惠聽" 項目已經經過三次的產品迭代，進入引資階段，並和珠三角的廠家達成合作，解決了產品和供應鏈問題，在完成客户反饋調研後將會推向市場。

4. 因為淋過雨，所以想去為別人撐把傘

　　"其實我大二的時候就來過南沙，那時我覺得南沙並不太適合創業。一來是比較偏遠，

二來是當時交通真的不太方便。"香
小婷回憶道。

但當 2021 年再次來到南沙的時
候，她驚訝地發現南沙讓她有一種在
香港新界的熟悉感——雖然與市中心
有一定距離，但是高樓林立、相關配
套設施完善。隨著《粵港澳大灣區發展
規劃綱要》的頒佈和廣州地鐵 18 號線
的開通，政策措施和交通出行的便利，
也讓香小婷萌生了在南沙開設公司的
念頭。

最終，香小婷和她的團隊決定選
擇將運營"珍惠聽"項目的廣州完人科
技有限公司落戶在南沙。

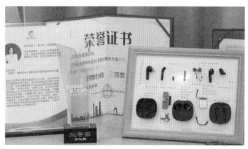

▌南沙區港澳青年五樂服務中心裏擺放著香小婷的
產品和榮譽證書

當問起作為一名香港人在南沙創
業的感受時，香小婷對於內地的創業環境讚不絕口：公司成立後，就得到了廣州市南沙區政
府各方面的支持。政府為港澳人士傾斜了很多資源，涵蓋辦公場所、導師、政策和生活等各
個方面。

"這些都讓我感覺留在南沙創業是一個很棒的選擇，"香小婷有些不好意思地笑著說道，
"從我們創業開始，連我們公司的辦公室都沒付過租金。"

除了南沙區政府和相關部門的鼎力相助，一路上還有眾多創業前輩引領，幫助著香小婷
一路前行。

說起這些，香小婷的言語間充滿
著感激，她說："我希望自己也可以成
為像前輩一樣的角色，因為淋過雨，所
以想去為別人撐把傘。"香小婷燦爛的
笑容點亮了聊天室。閒暇時間，她不
僅回到母校分享，還會組織學弟學妹
參加粵港澳大灣區大學生創意節和各

▌香小婷（後排左二）與眾多創業青年合影

▌時常為後輩們分享自己的人生經歷和創業心得

大創業賽事。

　有一年的活動籌備期正好撞上了香小婷的生日。那天，在暨南大學教學樓的第 15 層，飛下來一架無人機，並掉落下一張賀卡，上面寫滿了學弟學妹們對於香小婷的喜愛："跟著你打工是一件值得拿出去炫耀的事！""跟著你學到了很多東西！"……拿到賀卡的那一刻，香小婷不禁紅了眼眶，原來自己撐開的傘，真的能為後輩們遮風擋雨。

▌閒暇時的香小婷，喜歡到各地旅遊

　與此同時，作為一名女性創業者，香小婷也有些話想說："女性不應該被定義任何一個羣體，不應該被定義為'留在家庭'或者'無法在職場上取得相當成就'的一羣人。我認為男性也好，女性也罷，他們的選擇都會在自己的人生中掀起巨大的浪花。無論在哪個角落努力的女性，都是在發散著自己的光。"

"人無完人，但是大家都可以成為完人。"這是香小婷在採訪的尾聲說的話，也是留給更多青年後輩的一番勉勵。

這位有著堅定信念、時刻充滿正能量的少女，猶如一朵綻放在大灣區的、燦爛的向陽花，她笑臉迎著的方向，既是自己美麗的未來，也是粵港澳大灣區明亮的未來。

▌香小婷在採訪現場

採訪手記：生活花絮

Q：我很好奇，您是怎麼平衡的自己的生活和工作的？既能在生活上保持一個快樂的狀態，又能將事業發展得很好。

X：不要將工作當作你人生的全部，這只不過是你人生裏很小的一個部分。你可以嘗試將工作當作副業，將生活當作主業，這樣就能很好地平衡啦！

關於保持快樂、舒緩壓力這個問題呢，如果你也像我一樣，是一個腦子無法停止轉動的人，那麼可以試著多做做運動！因為運動產生令人快樂的多巴胺，也會讓你累得想不了事情，哈哈。

Q：您是一個容易被生活中的小美好而感動到的人嗎？會不會有隨手記錄的習慣？

X：是的！我的微博就是一個小小的秘密花園。通常都是一些比較熟的朋友才會關注我的微博。因為我是天秤座的，天秤座很容易感性，也很容易被生活中不同的事物感動，比如今天出門天氣很好，我都會覺得這是一件很幸福的事情，生活應該要去記錄一些不同的美好。

記得我的前輩和我說過："每一個人都應該有一雙發現美的眼睛。"我就一直將這句話記在腦海裏。然後當我不開心的時候，去看看自己的微博和朋友圈，就會發現原來自己曾經做過這麼多事，原來這個世界是這麼美好的，這樣就能重新給自己打"雞血"了！

（註：Q 為採訪者，X 為香小婷）

06

英才盛世曾祥盛

做港澳台學子升學的"超級聯繫人"

"青年心聲"

曾祥盛 *Chris Tsang*

- 英才盛世教育科技（廣州）有限公司 CEO
- 廣州市穗港澳青少年交流中心南沙分中心主任

在大灣區追夢，首先要有夢。只要你想，也有機會成為我這種角色。

　　香港學生可不可以在內地上大學？這是曾祥盛創業以來聽到最多的疑問，也是他自己的親身經歷。不管是在港澳還是內地，大部分學生對於自己的升學、職業生涯規劃存在一定的欠缺，曾祥盛認為"這是目前的一個普遍現象"。很多人會慢慢地開始對自身產生焦慮，甚至會開始"擺爛"或"躺平"。

　　2020年，曾祥盛成立了一家教育科技公司，旨在著手打造港澳台僑同胞內地（大陸）升學發展一站式平台，為準備或已經在內地接受高等教育的港澳台僑學生家庭提供專業諮詢及引導支持，為適齡同學提供12步一體化的一站式內地（大陸）升學預備服務。

　　"他們能在這裏找到為他們提供幫助的專業人士。對於有內地（大陸）升學意向的港澳台僑家長和學生，我們會為他們制定一系列的方案。如果學生分數不夠，還會為他們提供培訓。"他認為，自己的經歷就是一個典型案例，希望能通過這個升學平台，把正確的信息告訴更多的港澳台僑青年，讓他們不用再像自己一樣走那麼多彎路。

1. 一顆悄悄埋下的種子

雖然在香港出生，但由於父母工作的原因，曾祥盛從小學開始，就來到了內地上學。

高中時的他，和大多數內地考生一樣，學習是以參加高考為目標。在內地"和同學一起捲"的過程中，曾祥盛心裏也悄悄設想著高考的到來。

然而剛上高三，一個消息打破了曾祥盛對於高考的一切設想。"作為香港人，原來我不能參加內地的高考。如果上不了大學，那以前的努力就全部白費了。"這個巨大的心理落差所帶來的恐慌緊緊包裹著他。

所幸，在一次偶然的機會中曾祥盛了解到了"港澳聯考"。通過這個聯考，港澳地區的學生是有機會到內地上大學的。在一位香港前輩的指引和幫助下，曾祥盛及時了解相關的政策並調整備考方案。然而，信息缺失的恐慌遠遠超過了對於聯考難度的擔心。"70% 是以前學過的，而還有 30% 需要自己去自學。"

回憶起這段經歷，他的表情略顯沉重。"當時，只能去網上找資料，去培訓機構學習……為了完成上大學的目標，我在高三這一年裏花了不少的時間和金錢。"

在這段充滿著未知的求學之路上，對於港澳青年如何在內地升學的思考在曾祥盛心裏悄悄埋下了一顆種子。

心懷在內地接受教育的嚮往，讓曾祥盛最終在港澳聯考中成功考上了暨南大學。學歷的

▌在暨南大學的校園時光

提升和人脈的拓展，是曾祥盛最大的收穫。"在內地讀書能夠結識來自五湖四海的朋友，從他們身上，可以從不同的角度去理解國家的發展。"

要做就做和別人不一樣的事。

大四那一年，曾祥盛選擇了踏出第一步——與幾個同學一起到馬來西亞。暨南大學作為一所僑校，在馬來西亞有著豐富的資源，而馬來西亞一直是曾祥盛很喜歡的國家，於是他萌生了出國實習的念頭。

在馬來西亞實習期間，曾祥盛發揮自己廣告專業的優勢，運營網站、微博和公眾號。當中，他驚訝地發現許多馬來西亞人都在用中國的網絡平台，而且中國文化在馬來西亞的知名度和認可度也很高，當地青年對中國內地的學校是非常嚮往的。

連外國青年都嚮往的中國內地學校，為甚麼香港青年卻很少去報讀，甚至很少踏上祖國內地呢？這促使曾祥盛去思考香港青年與祖國內地的關係，有沒有機會做一個平台，幫助並促進更多的香港學生來到內地升學？

2. 決定在內地做一個港澳升學品牌

畢業後，曾祥盛也曾回香港工作了一年，但在那裏卻似乎"看不到自己的希望"。香港的就業環境對於內地學歷的青年並不友好，高度成熟的產業結構導致就業面普遍較窄，這讓剛畢業的曾祥盛對自己的未來感到非常迷茫。

"是否所有在內地求學的港澳學生都要面臨這樣的困境和障礙？是不是可以做一些事情去改變這種現狀？"曾祥盛在心裏一次又一次地問自己這個問題。

作為過來人，曾祥盛深知早作規劃對港澳台僑學生選擇在內地（大陸）升學發展的重要性。"港澳台僑的父母和子女缺乏真正了解內地的機會，或者是因為受制於一些傳媒和固有的偏見，有許多本願意來內地發展的人，也會因誤解而放棄。"他想成立一家教育公司，打破港澳台僑青年與內地（大陸）升學之間的信息差。

2019 年，《粵港澳大灣區發展規劃綱要》印發實施，鼓勵更多港澳青少年來內地學習、就業、生活。敏銳的市場嗅覺告訴曾祥盛，這是一次難得的發展機遇。如果能乘上這股東風，或許最初在港澳聯考時埋下的那顆種子就可以找到適合它發芽生長的沃土。

雖然面對的一切都是未知的，但他從過往的經歷中找到了自己的使命感，"要讓港澳青年有更多機會了解我們自己的國家"。

無意間，曾祥盛在網上看到了廣州市南沙區的資訊，讓他對這個地方產生了濃厚的興趣。與其在線上獲取資訊，不如親自去實地探索。

　　坐著廣州地鐵 4 號線，曾祥盛第一次來到了廣州南沙，"很新"，"規劃很漂亮"是他對這裏的第一印象。"我花了一個月的時間去做考察，無論是地理位置，對港澳青年的創業政策，還是創業的成本優勢，南沙這裏都很適合做粵港澳的跨境項目，也讓我覺得可以用上在馬來西亞學到的東西。"

■ 英才盛世教育科技（廣州）有限公司品牌標識

■ 成立英才盛世之初在基地牌區前合照

　　幾個月後，曾祥盛便與幾位志同道合的朋友在南沙創立了英才盛世教育科技（廣州）有限公司，由此開始搭建港澳青年融入大灣區的"樞紐"和"跳板"，幫助港澳乃至海外的青年解決在內地升學的問題。

　　公司原定的運營模式是先通過線上知識付費渠道，為港澳家長及學生解答內地升學、生活、就業等問題，再組織港澳學生到內地知名高校及企業進行線下考察和交流。然而，作為一家起步於全球性健康危機期間的初創企業，人員流動的限制給項目帶來了巨大的衝擊。

　　為了應對停滯的線下活動，曾祥盛與他的團隊決定轉移運營重心，把很多線下的交流課程變成了線上內容，包括課程包和直播課。這些線上內容一方面會聘請內地一流高校的老師為學生講解港澳台僑聯招試考綱，幫助他們在考試中取得高分；另一方面，老師們還會負責給學生講解內地升學政策，以及幫助他們做好長遠規劃。

　　"作為一支 0 到 1 的創業團隊，那段時間的衝擊還是不小的，但幸好南沙區政府給了我們很多幫助，比如在場地租金和水電費用方面，減輕了我們很多負擔，"曾祥盛感慨道，"我

▌曾祥盛在研究課程內容和方案設計

們所難以接觸到的領域，都會有人幫助我們，指引我們如何發揮南沙的優勢，去打造自己的
團隊。"

初心易得，始終難守。這位在創業道路上獨闢蹊徑的年輕人，言語間透露著沉穩、自信
和從容，慢慢地向我們講述著他這些年深耕教育領域的"聯繫人"之路。

3. 想在南沙，把這個夢"做大"

"我們英才盛世成立的目的，是著手打造港澳台僑同胞內地升學發展一站式平台，為準
備或已經在內地（大陆）接受高等教育的港澳台僑學生家庭提供'全鏈條'的專業諮詢及引導
支持。"曾祥盛認為，自己的經歷就是一個典型案例，他希望可以通過這個平台，把正確的
信息告訴更多的港澳學生，讓他們不用再像自己一樣走那麼多彎路。

除了教育指導，公司還開設了各種線下交流活動，帶領港澳學生到廣州、深圳、上海等
地參觀調研學習，讓他們和大學的學長學姐進行座談交流。在曾祥盛看來，"這些研學活動
能讓港澳學生對內地的大學及城市的發展更有興趣"。

▌定期組織港澳學生研學團，交流學習心得

在接觸眾多港澳學生的過程中，有一位香港學生的經歷給曾祥盛留下了深刻的印象。"他一直生活在香港，但他主動做了攻略去了解內地，知道一些廣東的城市和廣東自貿區，"曾祥盛用新奇又雀躍的語氣說道，"他讓我覺得原來有部分香港本土的青年對於內地發展是充滿認可和嚮往的。"而曾祥盛能做的，正是為他們提供一個指引和機會。

曾祥盛認為，自己的公司比別人更加"灣區化"。團隊成員除了從初創時就一起打拼的香港夥伴外，後來也有多位內地青年的加入，因此這支"粵港澳團隊"更懂得發揮大灣區的優勢。同時公司還有豐富的業務範圍，"比起只是提供升學指導，我們還會和灣區的大學、企業和機構等合作，幫助學生多維度提升競爭力"。

談起未來的規劃，曾祥盛有一系列的設想。"港澳青年融入大灣區包括學業、就業、創業和置業四個領域。我一直在思考，如何可以將個人學習和發展這兩個維度結合起來，目前我們已經做了第一步的學業，升學只是一個跳板，而就業、創業和置業，將會是我們未來重點發展的方向。"

4. 我想成為一個模板

在南沙生活了四年，曾祥盛見證著南沙的發展和變化，也體會到廣州這座城市的友好和包容。

"我認識了很多以前從沒有想過會認識的人，"志同道合的創業氛圍讓他感觸良多，"以前會覺得自己好像一艘漂在大海中央的小船，找不到航行的方向。但現在我可以說，我已經

▋南沙已經成為曾祥盛的 "第二個家"

找到了可以長期發展的目標，可以停泊的地方。對未來，我是充滿信心的。"

當問到有甚麼建議可以給到有意願來內地發展的港澳青年時，曾祥盛毫不猶豫地說道："在大灣區追夢，首先要有夢。"他認為，找到自己的發展方向是第一步。而這當中的關鍵，是自信和果敢。

"能力的高低或者學歷的高低，不是生涯規劃的一種重要因素，反而心態是最重要的。如果對自己沒有信心，做任何規劃也沒用。"果斷地去做規劃，不拖延、不自卑，是他的成功經驗，也是支撐他堅定前行的力量。

作為一名青年創業者，除了要從挫折中覓得機遇，從困難中摸索出方法，還應主動將個人發展和國家、社會發展緊密結合。曾祥盛非常注重青年成長、社會責任和國家發展三者之間的關係，他希望通過自己的創業和行動，為港澳台僑學生提供更多的教育機會和未來的發展平台，同時也希望更多的青年人能夠積極承擔社會責任，為國家和社會做出更多的貢獻。

"我覺得自己是連通南沙和香港的一座橋樑，我很願意去和香港的朋友說，我在南沙這邊發展。"曾祥盛對自己社會角色的定義，是一個中間的聯繫人，是一座橋，或是一個模板。他希望更多出身普通的香港青年來到內地發展，不要擔心會面臨甚麼失敗。"因為有個模板

▋ 時常與後輩們分享自己的創業故事和經驗心得

給你看到，只要你想，也有機會成為我這種角色。"

千帆過盡終不悔，萬舸爭流我自強。內地升學、灣區融合、青年創業……這些關鍵詞貫穿了曾祥盛從迷茫到堅定、從行路者到指路人的成長旅途，也詮釋著新時代青年應有的理想與擔當。

採訪手記：生活花絮

Q：如何看待網絡流行語"躺平"和"佛系"？您覺得阻礙人去創業，或者阻礙人邁出舒適區的最大障礙是甚麼？

Z："躺平"是因為不夠有信心，對於外界的競爭表現出無力感。不要把躺平的狀態，當作自己的一個標籤。因為每一個青年一定有發光點，如果我們不去找出來，不要說青年，我們到了中年、老年也一樣也會"躺平"。

"佛系"可能在某種程度上是一種輕鬆的狀態，或是與世無爭的狀態，但是"佛系"不能和"放棄"連在一起，如果有青年想放棄自己，我覺得是非常可惜的。

青年人最大阻力其實是自己，因為他們身上有很多責任，如果把這些東西歸為阻力的話，其實就是自己不想去奮鬥。我覺得年輕人還是應該花更多時間，去尋找對自己有發展優勢的行業，主動去"捲"、投入去"捲"才是這個時代應有的態度。

Q：可不可以分享您的座右銘，激勵自己前行的一句話？

Z：(沉思了一下) 鍾南山有講過一句話，"港澳青年生逢盛世，應當不負盛世"，所以我們公司就叫做"英才盛世"。

(註：Q 為採訪者，Z 為曾祥盛)

07

睿資創投林諾謙

在變局中尋求機遇，於空白處開拓新機

"青年心聲"

林諾謙 *Kenny Lam*

- 廣州睿資創投合夥人
- 廣州譽諾金服投資顧問有限公司創始人
- 廣東金融資產交易中心（國資委）港資企業會員

　　如果特別針對港澳企業家來說，我覺得'接地氣'是很重要的，你需要來這邊（內地）交朋友，要來這邊看一下祖國的山海河川，去不同的地方，吃不同的美食，了解不同的文化。

当我们走進林諾謙的辦公室時，他端坐在茶桌前，正用竹木雕刻製成的養壺筆護理他面前的茶盤，隨後熟練地完成了燙壺、置茶、高沖、低泡、分茶的步驟。

泡好後，他將茶遞給了我們。對飲間，偶有一兩句家常，迴盪在不大不小的空間裏，讓人感到格外舒適。這一刻他好像不是一個年輕有為的香港企業家，而只是一位熱愛飲茶文化的年輕人，在一個尋常的午後與朋友相約敘舊。

2014 年至今，林諾謙從香港來到廣州，在這裏已經工作、生活了近十年。

如今，他在這裏擁有了三重身份：廣州睿資創投合夥人、廣州譽諾金服投資顧問有限公司創始人、廣東金融資產交易中心（國資委）港資企業會員。在灣區創業的這十年，林諾謙有自己獨特的心得體會。

對於港澳企業家，他認為"接地氣"是很重要的一件事，而這條標準，也是他一直用來要求自己的。如今，他喜歡上廣州，在這裏安家置業，"來自香港的新廣州人"，或許是他更為認可的一個身份。

1. 從"打工人"到"創業者"，潛心沉澱打牢創業之基

"回想起到廣州發展的原因，"林諾謙笑了下接著說，"那是一個機緣巧合……"

2014 年，林諾謙受一家香港上市公司委託，來到廣州開拓內地市場。而他真正的創業應該是在 2016 年初。"這兩年的時間，應該算是屬於我自己的一段'Gap Period'（間隙期）。"在此期間，他對廣州的金融環境和市場有了自己的摸索和理解，並且最終決定開始自己的創業之路。

剛來內地，林諾謙心裏存在著刻板印象。那時，香港的金融很早就發展起來，相對於亞洲其他城市來說已經有一個比較成熟的金融體系，而內地正處於經濟初步發展的時期，金融市場等還是鮮有人涉足的區域，這在林諾謙看來無疑是充滿挑戰的。

當時經濟領域的一個突出矛盾是，實體經濟中資金供給總體充裕和融資成本高並存。2014 年以來，國務院辦公廳及各部委就降低企業融資成本出台多項政策，商業銀行也創新多種金融服務模式緩解企業融資困境，整個社會對降低企業融資成本問題十分關注。

先驅者都是需要勇氣的，誰先發現這片土壤下蘊含的生機，並且去細心澆灌和栽培，那麼他就有可能成為第一個收穫碩果的人。而林諾謙就是那個人。

"我覺得自己還算是個有前瞻性的人。"他這樣自信地評價著自己。本身有海外留學背景的林諾謙有許多內地的好朋友，因此，他比一般的香港人更早地接觸到內地的文化，電影、音樂、人文……他也從來不抗拒接觸內地和在這裏發展。

儘管剛來到內地時，總會遇到水土不服的問題，兩地之間在商務談判文化、市場環境方面存在差異，但林諾謙始終抱著積極樂觀的心態。

他跟我們分享了一句話：如果一個市場或者業務，在裏面的所有人都已經做得非常好了，那他認為這個市場就飽和了，飽和的市場是不好做的；而反過來說，如果這個市場本身的問題就多，或是不太成熟的話，反而是可以去做的。京東的劉強東所說的這句

▌林諾謙在金融行業研討會上發言

話，讓他印象深刻。

　　說到這裏，林諾謙眼裏似乎有光，我們彷彿可以感受到正是這種信念讓他下定決心在這片待開發的土壤上開始自己的創業。

　　改革開放以來，內地經濟有了翻天覆地的改變，各行各業都有了多元化的發展，這也為金融市場創造了一個條件。

　　善於從創業者前輩身上吸收經驗的林諾謙，通過自身的摸索和經驗積累，慢慢有了自己的創業方向。他在調研中發現，越來越多的內地人開始對投資"環投"經濟產品有興趣，對於境外移民、留學、海外房地產，甚至香港保險、境外基金方面也有一定的需求。這些信息讓他看見了商機，也更加堅定了在內地創業的決心。

　　"和很多創業者一樣，我也是從零開始的，一開始的公司規模非常小。"幾個年輕人、一間辦公室，這個小團隊的成員都有著海外求學的經歷和金融專業的背景，大家聚在一起碰撞新點子，發揮各自所長：鑽研產品、申領牌照、找尋核心投資者，發掘客戶、獲取客戶的信任、整合資源與人脈⋯⋯

　　然而，兩地之間的差異成為了公司首先必須要面對的問題，讓林諾謙最直觀感受到的一點是香港與內地的做生意和交友方式。在香港，是先做生意再做朋友；在內地，是先交朋友再做生意。雖然剛開始也不太適應這樣的變化，但既然決心要扎根這裏，自己就應該要有改

▌林諾謙（左一）時常和朋友們一起聚餐或打球

變的行動。

和很多因“水土不服”而遺憾放棄的創業者不同，林諾謙很好地融入了這裏，來廣州兩年後，他已積累了豐富的人脈、資源和經驗。

儘管這十年間，全球經濟下行、不穩定的大環境因素等問題成為了前行途中的風浪礁石，但林諾謙依舊保持敏銳的洞察力和極強的應變能力，如同在大海中航行掌舵的船長，時刻觀察著海面的情況，及時做出對應的調整方案，一點一點地把公司做大。

對於未來的整體規劃，他有這樣的敘述：“希望跟隨國家發展方向發展的同時，向我們的投資人提供一個比較好的專業投資機會。”

2. 迎風而上，緊抓金融藍海

談及現在工作的方向，林諾謙說：“許多人都會問我‘私募基金’究竟是甚麼，其實這是一個挺新的概念。”接著，他用通俗的話向我們解釋了一遍。

“私募基金就是國家賦予符合資質的機構，它們可以為一些符合資質的個人或機構投資者去選擇股權投資項目，從而去做資產管理和決策等方面的一個概念。”他斟酌著詞彙，簡明扼要地總結道。

■ 睿資創投在廣州市南沙區的駐點

■ 參與項目投資會議

如今，林諾謙是廣州睿資創業投資管理有限公司的一位高級合夥人。睿資創投是國家一級股權裏持有私募基金牌照的一家公司，主要做基金方面的運作工作，為個人投資者或機構投資者合法地篩選優質股權項目，讓客戶合法合理地去投資。

過去幾年裏，他的公司已經持續資助了許多項目。

“在過去半年內，我們就做了三個股權投資項目，成功地將資金打了進去。這其中包括與中國科學院合作的項目、新能源汽車賽道等。"林諾謙希望將自己團隊的專業性帶給客戶，同時也會集中精力去做國家在黨的二十大之後特別支持的一些行業。

他有一個美好的願景：希望可以通過私募股權投資為大灣區跨境資本雙向流動和金融市場注入更多活力，進一步推動行業經濟的發展。現在，公司的管理規模已達到約 20 億，參與的項目涵蓋新能源、儲能、新材料等賽道。

對比起香港、上海這些金融業發達的地區，林諾謙認為公司目前在大灣區發展遇到的最大的困難，主要是很多投資人對於"股權投資"的概念不清晰。

在他看來，廣州的首批投資者，當年財富的累積較多來自於買賣房產。因此，他們似乎對於房地產投資有一種根深蒂固的執念，把房地產投資當成唯一的選擇。林諾謙深深意識到，要改變一種延續多年的思維是很困難的。所幸近年來，這種情況有了翻天覆地的改變。

自從 2018 年以來，國家開始整頓房地產業、貸款公司和基金公司，明確了不允許以房地產做備案去市場上籌集資金等條款。而這一點，林諾謙早有預料。2022 年初，他在香港會計師公會舉辦過一次 150 人參與的、關於內地房地產發展的線上分享沙龍會。

▋線上沙龍會

"我在沙龍會上分析了過去五年內地房地產方面的發展及問題，預見到人們會開始覺得房地產未必行得通。"事實證明他的判斷是正確的，在眾人幡然醒悟並轉向另一條路時，卻發現他們對於股權投資或基金投資的認知是十分空白的。而在這個空白當中，林諾謙憑藉著自己在香港從業和海外留學時所積累的金融經驗，運用“一國兩制”、兩地（內地與香港）結合的創業模式，真正做著沃土上的開拓者。

近十年來，大灣區作為改革開放的前沿陣地，在促進金融改革中肩負重任。2022 年 6 月，國務院印發《廣州南沙深化面向世界的粵港澳全面合作總體方案》，南沙被賦予了推動深化粵港澳全面合作的重要使命，在金融領域則承擔起推進金融三地市場互聯互通的“加速器”角色。

作為一名香港的企業家，林諾謙也獲得政府給予的很多機會，並通過官方傳媒或場合去讓更多公眾知道他們正在做的事。提及自己的角色定位，他比喻為一座“很重要的橋樑”。

“中國香港的企業家，一定要背靠國家去做更多專業的工作。即使是如今香港的整個金融體系，很多時候的設定歸根結底都是為了服務整個國家的國際投資市場。”創業多年，林諾謙總是把這一句話掛在嘴邊。

識時務者為俊傑，他認為需要抓住這個重要的時機，去把握住機會，憑藉這股東風，融入大灣區的金融藍海中。

3. 從灣區中來，到灣區裏去

近年來，經濟數字化為專業金融機構造就了一個更好的生存環境。“過去人們崇尚關係主義，但如今人們會發現這種模式是不牢固的，大家更注重專業性了。”林諾謙一針見血地指出。

他給我們舉了一個形象的例子：“今天人們去認識新朋友，或者聘請新員工，都會通過專業平台等方式去查找個人徵信等背景資料。在工作場合中，有些投資者見面時甚至會帶上自己的律師。”

因此逐漸形成了一種氛圍：“我們不一定要做朋友，但我可以對你的公司和項目調查得很清楚。”林諾謙認為這與以前有很大的區別，而這種專業層面的信任恰恰反映出一個行業正在逐漸成熟和完善。

談及選擇廣州而非上海等其他金融中心的原因，林諾謙笑著調侃道：“其實有一個比較有趣的原因，就是當時我的普通話並不算好，所以在廣州這樣一個同樣說粵語的城市會更加適應一些。”

但更主要的原因，還是因為林諾謙團隊所做的許多工作都與香港有著高度的聯繫性，這

█ 林諾謙在接受採訪　　　　　　　　　█ 創享灣粵港澳青創基地的青年展示廊

是廣州的地理位置先天的優勢。許多年來，廣交會也是內地接觸海外和港澳台地區的一個關鍵窗口。在綜合考慮下，林諾謙選擇了大灣區作為自己的創業根據地。

"我認為大灣區、南沙是一個兵家必爭之地。"林諾謙坦言道，公司有很多項目都落在南沙，友好的經濟政策、稅務環境，政府給予的人力資源和補貼支持，讓他樂於讓自己的項目在這片土地上生根發芽。天然的地理優勢讓這裏能夠更好地引進港澳的企業、人才和資本。

說起對南沙未來的看法，林諾謙有著非常正面的憧憬："在地域的發展方向方面，我很樂意以南沙作為一個中心點。因為南沙在大灣區的中心，向四周發散，距離深圳、香港、廣州都只有約一小時的交通時間。這裏有著很好的先天優勢，和一個富裕的環境。"

4. 創業者，要懂得"接地氣"

這些年來，林諾謙在創業比賽中經歷了由參賽者到見證者的角色轉變。身為一個在大灣區創業的前輩，他對青年創業者給出了三點建議：

第一，要清楚認識自己的核心競爭力。比如學歷、資源、演講能力等方方面面，了解自己的位置在哪裏。

第二，要有耐性和自信去觀察市場。如今，外在環境和因素影響有很多，或許並不能在一兩年之內就把自己的創業之路打通，所謂"適者生存"，在市場改變的同時，一定要有足夠的耐性和自信心去適應環境的變化。

第三，要"接地氣"。林諾謙認為，要真正做到"接地氣"，就不能只是通過書本或是港

▌以青聯港澳委員身份參加廣州市青年聯合會第十三屆委員會全體會議

▌與青年學生和企業代表分享創業經歷

▌參加灣區金融行業會議

澳台的一些傳媒信息去了解內地，主觀或片面地認識人和事，這是一件非常可怕的事。要想"接地氣"，就需要來當地交朋友，親自來看一下祖國的山海河川，去不同的地方，吃不同的美食，了解不同的文化。

他說，"接地氣"這個建議雖然不能直接給創業者們帶來業務能力上的提升，也不是創業成功的"速成寶典"，但在他看來，對於來港澳台的企業家也是至關重要的。

而林諾謙就是這樣一個"接地氣"的人，出生在香港，留學在國外，發展在廣州。在廣州生活的這些年，他接觸並愛上了當地的茶文化、飲食文化甚至酒文化。

"我覺得自己好像一個'吉祥物'，哈哈。"林諾謙笑著說，每當回到香港，他總是向朋友或家人興致勃勃地說起自己在廣州生活的點滴，還有許多關於大灣區的發展和變化。

問到如何看待自己的"橋樑"作用，他認為，自己正在做的"招商引資"工作，其實就是一座最好的"橋樑"，這座橋樑承載起了港澳台和內地（大陸）之間的經濟往來、生活往來和文化往來。

▋林諾謙的辦公桌上擺滿了茶具　　　　　▋與友人的日常

　　從灣區中來，到灣區裏去，這是林諾謙一路以來在做的事，也是他作為一名青年創業者為國家發展所踐行的使命與責任。

採訪手記：生活花絮

Q：聽說您空餘時間喜歡跑步和爬山，這也是減輕工作壓力和放鬆心態的一種方法嗎？

L：是的，我空餘時間會參加很多活動。因為自己本身也會打球、爬山，也會玩一些樂器，喜歡彈吉他，所以興趣比較多。

Q：從剛開始來到廣州到現在，您這些年的心態有甚麼樣的轉變？

L：哈哈，已經有了很大的改變，來了這麼多年，我都沒有想過離開了。所以其實你說我現在算是一個香港人還是一個內地人士呢？我覺得自己可能是一個廣州人多過香港人。現在也會經常回香港，但會感覺到不習慣，可能會覺得地方太過狹窄，或者人太多。因為在這邊找到了更加舒服的一種生活方式，而且到處都能找到很多機會。

（註：Q 為採訪者，L 為林諾謙）

08

SEM SORRISO 李偉杰

掙脫傳統，書寫灣區潮人故事

"青年心聲"

李偉杰　*LK*

- 澳門文創潮牌 SEM SORRISO 主理人
- 拒絕微笑文化創意有限公司創始人
- 澳門人文社會科學促進會副理事長
- 澳門《跨·文創》發展論壇暨產業融合平台執行主席
- 廣東高校澳門學生聯合會副監事長

> 當一個社會性的問題爆發的時候，我覺得年輕人需要主動站出來去肩負一些責任。正因為剛剛創業的年輕人沒有甚麼可以輸，所以更要盡力去試一下。

　　和一般的公司創始人不同，來自澳門的李偉杰給人的第一印象是"潮"。初次見面的時候，他穿著印有公司名字 SEM SORRISO（拒絕微笑）的 T 恤和破洞牛仔褲，雖然搭配看似簡單，但仔細觀察會發現，他的袖口被精緻地捲起，脖子和手上還恰到好處地搭配了點綴的鏈子和戒指。

　　李偉杰的工作環境同樣很"潮"。他的辦公室更像是一個"展示區"，牆壁上畫有色彩大膽的塗鴉圖案、桌上擺放著帶有 LOGO 的創作滑板、大灣區主題的手繪明信片等。而他的辦公桌則低調地"窩"在窗邊，恰到好處地與整個"展示區"融合在一起。

　　如今，這位 95 後的潮牌創始人和他的團隊已經與永慶坊、廣州電視台、MAO livehouse 等多個品牌、企業進行了跨界聯名合作，獲得了內地、澳門和國外多家主流傳媒的曝光。滿辦公室的作品都昭示著這個年輕品牌在創立短短一年多時間裏"打下的江山"。

　　談到自己不斷"試錯"的經歷，李偉杰笑道："其實很簡單，你不知道自己想要甚麼。那你試完就會知道，甚麼是你不想要的。"

1. 浮躁之下的 "試錯" 與 "選擇"

2016 年，李偉杰從澳門來到內地的中山大學就讀工商管理專業。初入大學，李偉杰對於自己的未來並沒有太多設想，只是計劃著順利完成四年的學業後，應該可以找到一份不錯的工作。

"一開始在這裏讀書，除了覺得和澳門那邊生活習慣不同之外，最大的感受是大家都比較'內捲'。"回憶起在中山大學讀書的時光，李偉杰笑著調侃道。

大二大三的時候，李偉杰發現周圍的同學都已經在規劃畢業後的去向，準備考研、找工作，或申請出國。為了跟上周圍人的步調，他也開始思考自己的未來規劃。

不過，對於自己未來真正想要做甚麼，他其實並沒有具體的想法。擺在面前的是幾條"既定路線"——進入銀行或是互聯網大廠，這是就讀工商管理的學生普遍的出路。實在不行，還可以回到澳門報考公務員，能順利通過的話也會有不錯的待遇。

於是，李偉杰先後參與了兩次實習。一次是通過廣州南沙"百企千人"實習計劃在銀行實習了一個月，一次是畢業之後進入一家互聯網大廠負責產品和運營，作為自己到英國留學前的"過渡"。很快，他就發現這兩份工作都不是自己所想要的。

▌學生時期的李偉杰

2021 年，全球性健康危機的持續讓李偉杰切身感受到周圍負面情緒的增多，許多青年改變了自己的未來規劃，紛紛轉向更具穩定性的工作。

但李偉杰卻產生了不同的想法："當一個社會性的問題爆發的時候，我覺得年輕人是需要主動站出來去肩負一些責任的。正因為剛剛創業的年輕人沒有甚麼可以輸，所以更要盡力去試一下。"就這樣，他毅然決定放棄"循規蹈矩"的既定路線，開始嘗試創業。

再次談起當時這個"試錯"的抉擇，李偉杰並沒有後悔："我覺得迷茫不會只是一個時期，它會一直伴隨著你的人生發展，只不過當你經歷過其他的事之後，你慢慢會多一點確定性，確定自己是想做這件事的。"

▍李偉杰在製作文創手工產品

2. 我集結了一羣能一起走很遠的同路人

創立品牌並非如想像中的簡單。

一開始，李偉杰覺得只要自己有心，很多事情就可以做好。不過，他很快發現，創業難行，獨木難支。

在澳門起步時，李偉杰深知自己學習的是工商管理專業，不了解設計、運營等方面的專業知識，於是他開始一步步結識有這些方面才能的同齡人。

"如果你問我，目前我們品牌最核心的競爭力是甚麼，我會回答，一定是團隊。"李偉杰笑著說。

儘管很多人都認為領導者的角色在一支創業團隊裏很重要，但在 SEM SORRISO 團隊身上，卻沒有看到傳統的上下級之分。大家工作在一起、住在一起，平等地去討論與決策每一件事。一道共同研發出來的菜式也可以成為產品的靈感來源——品牌曾經推出的"葡國雞"系列 T 恤，創作靈感就來自於他們團隊希望做一道澳門菜為內地搭檔慶生。他們從去超市買

▋T 恤正面為"葡國雞"菜式實拍,背面為烹飪材料清單,創意十足

材料、調味、烹飪開始記錄,不到半個月,原本為團隊成員的慶生禮物就這樣被轉化為一件自帶生活氣息的產品。

如今,SEM SORRISO 的核心團隊共有 5 個人,李偉杰和同是中山大學工商管理專業的莫俊焯負責品牌和市場,廣州美術學院畢業的澳門青年柏良負責設計,還有另外兩位夥伴負責運營。

當初決定要成立品牌,創始合夥人莫俊焯選擇辭掉在東莞的公職工作,毅然跟隨李偉杰一起來到南沙創業。這樣的決定,亦不是每個人都有勇氣去做的。採訪過程中,說起對每位夥伴的印象,李偉杰的語氣裏滿是欣賞和感激。

作為一個初創團隊,許多事情都需要從零開始學起。在一開始,團隊中的人都不太了解成衣製作方面的知識。為了區分選擇不同的布料,李偉杰到中山大學對面的紡織城住了三天,每天去觸摸感受不同的布料質感,親身去體驗哪一種布料會更舒服,哪一種裁剪方式穿起來更合適。許多這樣枯燥的學習經歷讓這個團隊迅速成長起來,每當出現一個新的想法,他們往往從下午兩三點討論到夜晚兩三點。共同希望做好一件事的想法,讓這個團隊擁有了強大的向心力。

或許是這樣的雙向奔赴、互相成就,讓這支充滿創意和力量的年輕團隊能一直結伴前行,挖掘更多可能性。

▌李偉杰（前排左一）與團隊成員

▌設計師柏良在做手繪塗鴉

創業，不是一個人的路，而是一羣人的路。因為心在一起，所以才走得長遠。

3. 品牌即態度，讓潮流回歸純粹

"其實我自己一開始從澳門到內地讀書，自己真的感覺落差感很大，那個時候經常會受到情緒問題的困擾。"

畢業時，當李偉杰還在對自己未來方向感到迷茫時，想起媽媽曾經對他說："笑一下就會開心啦。"他突然覺得，這句再常見不過的安慰話語實際上是一個"悖論"。通過在網上收集資料，他了解到了微笑抑鬱症的存在。

後來，身邊一個很親近的人更因為情緒病的困擾，做出了不好的決定。這讓李偉杰受到了很大的打擊，"傳統意義上的正確"是否就一定代表著正確？李偉杰開始自問。

與其去假裝自己微笑，不如追求真實，只有親身去感受，才會找到最適合自己的狀態。"拒絕微笑"這個名字也由此誕生。

SEM SORRISO 是葡萄牙語，意為"拒絕微笑"，"unique"、"explore"和"responsibility"

▊ 悱趣未來（廣州）文化創意有限公司

是品牌的三個關鍵詞。在品牌公眾號中，SEM SORRISO 對自己的闡釋是："在這個'生存焦慮'和'享受興趣'並存的時代，堅定拒絕僅成為迎合社會風潮的一羣，期望通過拒絕'微笑'這個表象，來讓年輕人靜心探索，研究事物的本質。"

創立品牌後，李偉杰並沒有忘記自己的初衷。2022 年，SEM SORRISO 與廣州電視台聯合籌辦了一場"一起約'繪'吧"公益活動，讓 100 個人一起在 T 恤上作畫，為特殊孩子傳遞愛心。那場活動裏有一位約 6 歲的小女孩，她在現場唱歌、交談，感謝父母對自己一直以來的陪伴，在一羣特殊孩子中顯得格外活潑。她的舉動打破了李偉杰對於特殊兒童的一些刻板印象，也更加肯定了品牌創立的價值和意義。

在南沙的工作室裏，幾乎每件留存的產品背後都有著這個團隊對於社會的某種"關切"與"責任"。在其中一個畫板上，展示著一幅為微笑抑鬱症而作的作品，一層層絢麗的色彩被燒開後，透出最底處的黑白人物在靜靜描繪著自己情緒的背影。每一層色彩都是單獨燒出貼到畫作上，與最底層的黑白形成鮮明的對比，表達著微笑抑鬱症人羣將鮮豔的色彩拼湊出來展示給外界，而內心的陰暗卻只能自己承受。

▍"一起約'繪'吧"活動現場

正如 SEM SORRISO 品牌介紹中所說的"鼓勵年輕人關心自己，展露個性的同時，也關心這個世界"，從了解到真正去接觸更多的特殊人羣，李偉杰直言，"我的初衷可能只是希望這些家庭能夠在活動當下得到一些表達和放鬆的機會，但實際上，反而是我在他們身上學到了很多。"

▍被擺放在工作室一角的作品原畫

4. 扎根灣區，助力內地與澳門文化共融

談到南沙，李偉杰回憶，雖然大學期間參加的港澳青年學生南沙"百企千人"實習計劃沒有將他留在銀行業，卻最終又將他帶回了南沙。"在參加'百企千人'計劃之前，我對廣州的認識可能還僅限於越秀、天河、海珠幾個區，甚至都沒有聽說過南沙這個名字。"在南沙生活的一個月當中，他不僅認識了許多南沙的朋友，了解到南沙的一些創業扶持政策，還切身感受到南沙是一個活潑、有朝氣卻又不太內捲的地方。

在廣東縱深推進粵港澳大灣區建設的佈局下，橫琴、前海、南沙作為粵港澳合作的三大平台，"強勁引擎"作用愈發顯著。在決定回到內地創業後，李偉杰又對比考量了橫琴、前海等地，最終，他認為南沙的人文氣息和傳統文化能夠與文創品牌產生更大的關聯性，而將項目落地南沙。

"我覺得澳門和內地灣區城市有很多可以共融的地方，大家都是以嶺南文化為主體，就像是在一個根上面生出來的兩根分支一樣。"

李偉杰認為，澳門和大灣區城市的市場各有優勢，澳門的營商環境更加適合品牌初創期起步，但其人口和市場規模都有一定的上限，如果能夠有好的機會進入內地大灣區城市，就能夠擴大品牌的影響力，與更多內地和世界的品牌鏈接活動。

作為第一批從澳門來到內地創業的品牌，SEM SORRISO 在很多方面都是"摸著石頭過河"。如今，他可以將自己的創業經驗、政策信息分享給有志在內地創業的港澳青年。在李偉杰的辦公桌上，擺放著一張 2022 年廣州市"百企千人"港澳大學生實習計劃實習導師的聘書。如今，他已經從當年的實習生身份轉變為實習導師。

從澳門轉向內地發展之後，李偉杰還了解到身邊的一些澳門品牌和內地客戶都有相互聯繫的需求。於是，2022 年 5 月，"澳遊日記"項目正式落戶南沙，希望將更多的澳門文創品牌與內地的市場連接起來，讓澳門文創有機會走進內地消費者的視野當中，為大灣區文化共融以及兩地的經濟貢獻力量。現在，花樂堂、金魚貓 dim_sum_land 等二十多個澳門品牌都能通過"澳遊日記"對接內地的資源，得到了更多元的價值延伸。

談到品牌未來的計劃，李偉杰認為自己會順應如今潮流文化的兩個發展趨勢，一是幫助

▌ 與港澳學生分享創業經驗

▌ "百企千人"實習導師聘書

以寵物 future 為設計原型的 T 恤產品

年輕人做更忠於自我的個性化表達，二是在潮流文化當中融入傳統文化的傳承，比如早前與葉問詠春拳的第三代傳人吳師傅、廣東醒獅省級代表非遺文化傳承人盧師傅合作，將傳承人的經驗汲取轉化為當代年輕人的解讀，為傳統文化注入更多新活力。

如今，李偉杰的身份不僅只是一個創業者，他還擔任了澳門人文社會科學促進會副理事長，定期會為《捷報》的"文化韌性"欄目和 ZA 誌寫作供稿。有著在澳門、南沙兩地生活經驗的他，一方面在自己的作品中融合澳門文化和內地傳統文化；另一方面，也靠著自身去連接內地和澳門的青年。

　　這位喜歡潮流文化的男孩，在奔跑的路上始終懷著對社會的思考和關注，憑著

▌與廣東醒獅省級代表非遺文化傳承人盧師傅交流創作理念

一顆熱忱勇敢的心，向大灣區乃至世界展現著新生代的力量和光芒。

採訪手記：生活花絮

Q：您品牌的關鍵詞是"unique"、"explore"和"responsibility"，如果讓您也用三個關鍵詞來概括自己，會是甚麼？

L：第一個是 underdog（李偉杰創作的一個形象名字）哈哈，我覺得算是堅韌、不服輸這樣的意思。其實和我在中山大學籃球校隊的經歷有很大關聯，曾經我使費了很大的努力才進入這支校隊，但卻一直沒有上場機會。後來還因為受傷回家休息了半年，也抑鬱了半年。幸運的是，通過努力轉型我重新回到了校隊，終於拿到了上場機會，還與團隊拿到了當時中山大學唯一一個大運會冠軍。你知道嗎？那個時候我差不多是全隊最"小隻"的一個，所以那次的經歷真的給了我很大的鼓勵，以至於影響了我後來的人生軌跡。

　　第二個詞是樂觀，我不知道前面會遇到甚麼，但是現在，只要是我自己想做的事情就想努力去做好它，這樣才有機會成功。還有一個……（思考）幽默算不算？我覺得自己挺搞笑的（笑），自認為搞笑。

▍旅行是李偉杰尋求創作靈感的途徑之一

Q：聽說您養了一隻貓，牠會給到您一些新的創作靈感嗎？

L：有的。當時我們在做一個寵物經濟的項目，我們有一件產品叫"拜貓教"，就是源於養貓，
覺得養貓好像養了一個老闆一樣。另外我們的內地公司名字"悱趣未來"，也是源於我養的
貓的名字 future。

（註：Q 為採訪者，L 為李偉杰）

09 港籍政務專員陳慧蘭

敢闖敢拚扎根南沙，細緻服務提升"灣區溫度"

"青年心聲"

陳慧蘭 *Rona Chan*

● *南沙政務港澳服務中心港籍政務專員*

> 我很感謝當年那個決定來南沙發展的自己。加入政務服務中心這個大家庭後，我發現自己不僅是政務一線服務的'主力軍'，還是粵港澳大灣區協同發展的'受益者'。身處內地，我深切感受到祖國對港澳同胞的包容與關心。

　　見到陳慧蘭時已是下午，儘管工作了一天，她卻不顯疲憊。整潔的藍色制服，利落的髮型，親切近人的微笑，耐心細緻的講解，不但體現著她一絲不苟的工作態度，也展示了她優秀專業的服務水平。當每次成功為他人解決問題時，她的臉上總會流露出由衷的欣喜與滿足。

　　"身為一名香港籍的政務服務專員，我要肩負起成為南沙與港澳地區溝通橋樑的責任，幫助港澳同胞在內地更好地生活和發展。"講到這裏，陳慧蘭的臉上浮現出燦爛的笑容。在她看來，這份工作意義深遠，不僅可以向港澳同胞展示南沙的創新發展速度，還能講好屬於大灣區的故事。

1. 等風來，不如追風去

2019 年，國務院印發了《粵港澳大灣區發展規劃綱要》。自此，大灣區的建設步伐不斷加速，日新月異。在這裏，新的機遇也如雨後春筍般湧現。

同年，陳慧蘭從澳大利亞大學畢業。回到香港後，她決定要把知識轉化為工作實踐，開啟人生的新階段。

然而，是選擇自主創業，還是應聘一份普通的工作，或是嘗試報考香港的公務員……這些眼花繚亂的選擇一直在她腦海裏盤旋不下，也讓她陷入了短暫的迷茫期。正當陳慧蘭糾結萬分之際，一條未曾設想的新道路偶然在她眼前展開。

▌大學時期的陳慧蘭

"我有瀏覽政務公眾號的習慣，那天我在南沙區政府公眾號上看到廣州在試點進行公職機構招聘港澳籍青年人才的通知。"得知大灣區推進落實"定向港澳選拔職位"政策消息的陳慧蘭，帶著對祖國的熱愛以及看好大灣區發展前景的預期，她決定前往南沙了解情況。

"人生是充滿很多可能性的，我覺得有了想法，就應該去做。"那則通知宛如一道曙光穿透迷霧，指引著陳慧蘭前行。然而，正當她還沉浸在初到南沙的興奮時，一場全球性的健康危機爆發了。

回想起那段隻身一人在南沙的時期，陳慧蘭不禁感慨道："現在想來還是有點後怕的，但也正是那段時間的生活，堅定了我想在內地發展的決心。當時，我看到有許多公職人員和共產黨員，在南沙區政府的號召下，積極參與到防控工作中。因為他們的努力，南沙區在較短時間內就恢復了工作和生活常態。"

政府的凝聚力和號召力，給予了陳慧蘭充足的安全感，也讓她對這片土地產生更強的連接感和信任感。"因為獲得過政府和工作人員的幫助，我自己也想成為他們當中的一員，盡己所能為他人服務。"

在權衡各種崗位條件限制與發展前景後，結合自身市場營銷專業的優勢，再考慮到自身喜歡與人進行交流互動的工作，陳慧蘭最終決定選取政務方向的服務崗位。儘管報考公職機構的港澳籍青年人數不多，但很多東西仍然都是未知的。

"一來我不確定有多少人跟我競爭同一個崗位，二來也沒有前輩的經驗可以借鑒，只能全憑自己摸索。"陳慧蘭坦誠地分享自己當時的報考經歷。"雖然我沒有相關考試的經驗，但我堅信豐厚的政務知識和過硬的專業技能是必需品。"於是，明確目標的她開始閱讀政務服務的相關書籍進行學習，"那時經常在書桌前一坐就是一整天，做題的時候還沒甚麼感覺，直到躺在牀上才發覺脖子酸疼得不行。"

俗話說得好，機會總是留給有準備的人。憑藉一步一個腳印的規劃和悉心細緻的準備，陳慧蘭在筆試與面試中一路過五關，斬六將，最終在 2020 年 2 月，她正式成為南沙區政數局港澳政務服務中心的一名政務專員，實現了服務大眾的心願。

2. 差異是挑戰，更是自我提升的機遇

入職後的陳慧蘭還來不及雀躍，她在"摸索上手"的時期，就遇上了第一道重要且不得不面對的關卡：香港與內地語言文字習慣的差異。

作為一名土生土長的香港女孩，儘管陳慧蘭自決定來內地發展後，已經加強學習普通話，但文化背景和專業用語的差異常常讓她焦頭爛額。"我這個崗位需要接觸很多不同範疇的服務事項，查找不同領域的政策文件，而由於香港和內地慣用的表達方式以及表達術語不一樣，我需要花更

▌盡心為服務好每位客戶是陳慧蘭的工作宗旨

▌廣州市南沙區政務服務中心內景

多的時間去理解內容。"

陳慧蘭一方面秉持著對辦事者負責的工作態度，對於每一個問題，她從不敷衍了事，而是竭盡全力去深入了解問題的本質，以確保能給予辦事者最準確、最有價值的反饋與服務；另一方面，她又礙於語言差異而感到工作效率低下，不滿意自己的表現。

"我越來越發覺，經常用檢索兩地用詞差異的方法不是長久之計，要儘快找到別的辦法去解決這個問題。"陳慧蘭靈機一動，決定創建屬於自己的專業術語電子筆記本。每當接觸到新的專業術語用詞，她就按照詞語所屬領域進行分類，將詞語的概念釋義及表達相同意思的普通話用詞、粵語用詞整理在一起，每天下班前再閱讀一遍筆記本上積累的全部內容，不斷加深印象，提高自己的工作效率。

"不到一個月的時間，我基本上就能熟悉大部分常見問題術語，可以更快速地為辦事者解決問題，感覺工作也慢慢變得輕鬆了。"說到這裏，她露出了自信而甜美的笑容。

在處理服務工作之餘，陳慧蘭也需要撰寫公文。為了避免將香港的用詞習慣帶入到公文寫作之中，她主動向內地同事請教正確的普通話遣詞造句方式，而同事們都十分熱心，幫她校對有誤的語法。對此，陳慧蘭也十分感激每次都願意向她伸出援助之手的同事們。

攻破語言使用習慣的難題後，陳慧蘭對工作更加得心應手。在她看來，這個小挑戰不僅令她的普通話水平得到提升，也讓她的辦事風格更加靈活。"面對使用普通話的辦事者，我就用普通話跟他們交流。而當我遇到港澳同胞來辦事時，我就用粵語進行服務。因為我是香港人，能切身體會到語言差異所造成的困惑點，所以我會主動將政策上的普通話專業用詞轉換為粵語常用的表達，讓他們更容易理解內地政務的手續流程，從而完善相關資料的準備。"

陳慧蘭解釋說。

如今，陳慧蘭不但能高效準確地幫助港澳企業、機構、港澳人才在南沙辦理公司註冊、商事登記、經營許可、政策兌現等政務手續，還能獨立撰寫符合普通話用詞規範的優質公文，成為了南沙政務港澳服務中心隊伍裏的一名"佼佼者"。

3. 以創新服務助力灣區融合

當被問到涉及自己所在的隊伍——港澳特色政務專班時，陳慧蘭對其展現出極高的熱情與認可。

"這種創新的服務模式，結合了港澳專員熟悉港澳的風土人情，內地專員熟悉本地政策法規的優勢，可以有效消除三地在制度、文化、生活環境上的差異，及時了解港澳企業、機構、人才的所需所想，更加精準地為他們提供服務。"

在陳慧蘭看來，採用"港澳專員＋內地專員"結對子的形式，為港澳企業、機構及人才提供"2對1"一站式政務服務的港澳特色政務專班，憑藉多語種諮詢、線上指引、專人協調、免等即辦等手段，為大灣區政務服務"增溫度""延廣度""拓深度""提速度"，提升了政務服務的質量與效能，亦增強了港澳企業、機構及人才的歸屬感和向心力。

▌陳慧蘭（左一）與企業客戶

雖說陳慧蘭深諳自己是創新服務隊伍的一分子，但她仍會為內地公職機構改革創新速度之快、行政方式之新感到吃驚。在她就職初期，港澳企業、機構、人才要辦理的手續，大多數都必須來到現場提交資料

■ 廣州市南沙區政務服務中心

■ 首推"元宇宙"賦能
政務。圖為南沙元宇宙政
務大廳場景圖

才能進行下一步的操作，但隨著廣東政務服務網站的不斷發展與完善，藉助互聯網一站式完成手續辦理很快就成為了更加主流的政務服務方式。

"我服務過一家香港企業，他們有擴大經營模式的需求，因此很著急辦理註冊資本增資的手續。然而因為相關規定限制，企業法人暫時無法到達南沙辦理手續。幸好當時創新的網辦政務服務模式已經推出實施，才沒有耽誤企業的發展需求。"

在南沙工作得越久，陳慧蘭越發意識到香港籍政務專員這個身份的重要性，崗位的使命讓她深刻感受到自己如同一座堅固的橋樑，橫跨在南沙政務與港澳企業機構之間，確保信息的流暢傳遞與企業合作的順利進行。

"實際上，我覺得自己不僅僅是政務一線服務的'主力軍'，還是粵港澳大灣區協同發展的'受益者'。"陳慧蘭希望能通過腳踏實地做好港澳政務服務工作，向港澳同胞展示南沙政務的專業度和創新發展，並在政務專員這個崗位上，用實際行動講好大灣區故事。

4. 一束微光也能照亮一方世界

隨著《廣州南沙深化面向世界的粵港澳全面合作總體方案》的實施，大灣區配套基礎服務正不斷地完善和升級，更快、更好地幫助港澳人士融入灣區生活。

談起南沙對港澳青年的扶持政策以及相關一站式服務基地的資源配置對自己的幫助，陳慧蘭感觸頗深。一方面，針對港澳青年個人所得稅優惠政策的辦理十分方便，"在個人所得稅 APP 上很容易就能提交退稅申請，退稅款項很快就能收到"。另一方面，南沙區港澳青創"新十條"措施大力支持港澳青年創業就業，也極大地減輕了她獨自在南沙生活的壓力。

"我很感謝當年那個決定來南沙發展的自己。"陳慧蘭在採訪時再三強調。

通過在南沙的工作和生活，她不僅加深對祖國內地前沿發展的認知，了解到港澳青年在內地廣闊的發展空間和眾多的機遇，還享受到政府部門對港澳青年就業提供的優惠政策和福利。

"每當看到服務過的港澳同胞在南沙扎根成長，我會覺得自豪又驕傲。身處內地的我們，能更加切身地體會到祖國的偉大和進步，更加強烈地感受到祖國對港澳同胞的包容和愛護。"

█ 積極參與大灣區青年相關活動，左一為陳慧蘭

▌陳慧蘭在接受採訪

　　南沙憑藉優越的地理位置與飛速建設發展等優點，讓陳慧蘭對大灣區的光明前景充滿信心。她還補充說："廣州的交通很方便，坐高鐵很快就能回到香港，週末或假期的時間，我隨時都能回香港陪家人和朋友，所以我也經常鼓勵香港的親戚朋友來南沙闖一闖。"

　　對於有計劃投身內地就業的港澳青年，陳慧蘭則建議他們要提前做好更多的準備，"香港與內地在社會制度、法律法規、語言習慣等很多方面都各有不同。除了不斷打磨個人能力，做好迎接新挑戰的心理準備之外，還要主動了解內地的最新政策，根據招聘要求不斷調整就業策略。"

　　2024 年是陳慧蘭在南沙扎根的第四年，她越發喜愛目前的工作與腳下這片土地，希望能以"過來人"的身份，以南沙政務港澳服務中心為平台，充分發揮自身的經驗與能力持續"發光發熱"，讓在南沙發展的港澳同胞更好地融入當地生活，感受大灣區的溫暖與魅力。

　　這位敢想敢闖的女孩，憑藉她獨特的人格魅力和卓越的專業素養，在南沙這片熱土上留下了絢麗且深刻的印記。她身上閃耀著的自信與活力的光芒，也激勵著更多青年勇敢追逐自己的夢想。

採訪手記：生活花絮

Q：這些年的工作，有沒有讓您的性格或處事方式產生了一定的改變？

C：我的溝通交流能力有了很大的提升。其實來內地之前，我一直覺得自己已經足夠外向了，但山外有山，人外有人，在這裏我認識到很多比我更活潑的朋友，跟他們聊天也讓我在生活和工作上變得更加大方自如。

Q：聽說您每個週末都會回港探望家人，未來有將家人帶過來南沙定居的計劃嗎？

C：現在還不好說，但我去年（2023 年）有帶家人來南沙參觀遊玩，也讓他們對我的工作環境和居住環境有更好的了解。總體來說，他們都覺得南沙有助於我未來的發展。

（Q 為採訪者，C 為陳慧蘭）

10 柏晶文化李柏亨

創業 20 年，從教育從業者到非遺傳承人

"青年心聲"

李柏亨 *Chris Lee*

- 非物質文化遺產 "針線手工服飾製作技藝" 傳承人
- 廣州柏晶文化傳播有限公司創始人、董事長兼總經理
- 香港學師匯 HKSTA 創始人、董事長兼總經理

> 來到內地創業，我從未感到後悔。我覺得大家真的應該努力融入大灣區這個環境裏，去看多一些東西，認識更多的朋友，改變人生的契機就自然而然地接踵而至了。

　　像大多數習慣了接受採訪的企業家一樣，與我們進行交談時，李柏亨端坐在辦公室裏，略顯疲憊地微笑，用舒緩而溫和的語氣講述著他的人生經歷。

　　而與大多數習慣了講述自己"成功之路"的企業家不一樣的是，作為一名跨越香港、深圳、廣州三地的創業者，現年44歲的李柏亨，在談起自己20年來的創業經歷時，顯得相當的謙虛，給出了一個樸素卻又真實的回答：

　　"我們香港人常說，省到就是賺到。自己在別人口中的所謂'成功秘訣'，不過只是懵懂地向別的城市踏出了一步，然後把成本省下了而已。"

　　"現在能很自豪地對當年的自己說，我沒有走錯路。"李柏亨笑著對我們說。

▌靈感的來源

1. "半桶水"創業者的"至暗時刻"

在許多香港人的記憶裏，香港的 2003 年，一定令人難以忘懷。對在香港土生土長的李柏亨來說，自然也是如此。

2003 年初，SARS 疫情在香港爆發。這場全球性的健康危機對香港社會經濟造成了巨大的衝擊。夜晚繁華的都市霓虹變得黯淡，曾經來往的車水馬龍變得稀稀落落。許多公司和企業因疫情而遭遇困境，工作崗位迅速減少，數不清的香港人因此而失去了工作。李柏亨不幸也成為了浩瀚失業大軍中的一員。

然而，豁達而灑脫的心態讓他沒有被失業者身上常見的焦慮與迷茫所裹挾，"幸運地"規避了內耗的桎梏。"當時的那家公司已經做不下去了，所以我就想，是但啦（隨便吧），不做就不做了，就當給自己休息一下，放一個長假。"

"結果這段長假只持續了三天"，說到這裏，李柏亨掩飾不住臉上的笑意，"失業後的第三天，我的一個學弟和我說，我們不如去做一個補習中介公司吧。他去聯繫當補習老師的大學生，我來聯繫客戶。然後我答應了。"

從那天開始，李柏亨爬過了一棟棟牆壁上充滿裂縫與斑駁塗料的居民樓，登上了一個又一個難以數清的石屎樓梯，踏過了無數塊開裂的瓷磚地板，挨家挨戶地給每一戶居民派發他們補習中介服務的傳單。

無論是現在，還是 20 年前，發傳單都不會是甚麼光彩的、招人喜歡的行為。"你要用傳單'洗樓'才能招徠客戶嘛，所以被人趕被人罵就是家常便飯了。"李柏亨說。"洗樓"結束後，他們的工作才算剛剛開始：比起派發傳單，更重要的是接那些打給他們的一個又一個的諮詢電話。雖然很累，但想到每個電話都可能是一筆收入，所以每每接起的時候，他們都會滿心歡喜。

在大家的努力下，訂單的數量逐漸增加。就像所有的冒險故事一樣，收穫與新的挑戰總是接踵而至。這家稚嫩的補習中介公司急需"更多的人手、更大的辦公室與更多的電話"。

這時，香港昂貴的人力與地租成本成為了橫跨在李柏亨創業之路上的大山。

2. 看不清前路時，就再往前走幾步

"當時一盤算，覺得香港成本太高了"，李柏亨說。

恰好有個朋友向他提議，深圳的成本比較低，如果能夠搬過去，可以省下一大筆的錢。聽完後，李柏亨便暗暗做了一個決定，他知道，如果在此時停下腳步，公司很有可能就會面臨倒閉的風險。想生存下去，就一定要改變。

▌香港常被譽為"寸土寸金"之地

▌李柏亨在採訪現場講述自己的創業故事

所以在 2004 年，李柏亨帶著行李箱、兩萬塊錢和一個夢想，來到了深圳。

放眼 2023 年，在每個週末都有數十萬港人來到深圳旅遊娛樂、跨深圳與香港運營的公司數不勝數、港深兩地的融合愈發深入的今天，我們或許不會想到，在 20 年前，對一個香港人來說，深圳是一個"無論如何都談不上熟悉"的地方。

"來的時候甚麼都沒有嘛，也不是太懂規矩，好多東西都是自己慢慢摸索這樣子"……初到深圳的許多場景仍舊歷歷在目。李柏亨笑著告訴我們："一開始的時候，把水電費、租金交完就不剩多少錢了，所以就得想著怎麼省錢，試過天天洗冷水澡，屋裏沒有牀，就睡地板。至於吃飯就更談不上甚麼營養了，通常就是靠杯麵和麵包，能撐一天就是一天。"

兩座城市迥異的文化、法律、制度也讓初到深圳的李柏亨有一些犯難，幸好有內地朋友的幫忙和引路，讓他慢慢熟悉了內地創業的規則。再次談起這段經歷，話語間充滿了感激和欣慰。

"20 年前哪裏有現在這麼多的政策支持和政府扶持呢？"他很是感慨。

於是，以 2004 年深圳的一棟不起眼的出租屋為起點，李柏亨日出而作、日落而息的忙忙碌碌的身影灑滿了這座城市的大街小巷。

對於當時的項目，李柏亨說自己也曾有過懷疑和猶豫，但或許就是因為抱著一股面對未知卻仍然有勇氣前行的信念，他堅持了下來。

3. 我選擇了最少人走的那條路

人的一生中總是要做出許多的選擇，或許是今天穿甚麼顏色的衣服，或者是要不要放棄自己的夢想。千千萬萬個創業者裏，"放棄"總是一條人滿為患的路。有太多太多躊躇滿志的創業者最終背離了初心。而李柏亨，卻選擇了一條人跡罕至的路。

他說自己很幸運，能夠遇到自己的妻子。很多故事也是從那時開始發生的。

李柏亨的妻子是廣州人，這讓他決定來廣州發展。除了這個原因之外，他還有另一層考慮，那就是廣州與香港有相似的文化氛圍，除了經營成本更加低廉以外，在這裏還能夠更容易招到會講廣東話的人。

就這樣，這位來自香港的創業者選擇了廣州，與妻子繼續經營教育中介公司。

那是一段漫長、漫長、非常漫長，卻充滿期待的拚搏之路。"但當時，幾乎無暇去思考甚麼，哈哈。"李柏亨說。

創業 20 餘年來，越來越多的人知道了他們公司的名字，越來越多的家庭選擇了他們的教育中介服務。截至目前，李柏亨創立的"香港學師匯 HKSTA·學師匯（廣州）教育科技有限公司"已經服務了香港及內地的超過 30 萬個家庭，擁有了來自全球的近 10 萬位優質註冊導師，而所提供的服務早已從當年的"大學生家教中介"進階為"全方位銜接國際的家教及中介顧問服務"。

當問及當時的心情時，李柏亨對我們說："我那時的心情？我當然是非常開心的。我開心是因為，現在能很自豪地對當年的自己說，我沒有走錯路。"

創業 20 年後的李柏亨，仍舊沒有改變自己從前豁達而灑脫的心態。

▌易婷、李柏亨與蒙俞宏

他說："林子裏有兩條路，我選擇了行人稀少的那一條。它也改變了我的一生。"

4. 以文化為媒，講好中國故事

說到自己現在想做的事情時，李柏亨格外認真。

來內地那麼多年，讓他最深感觸的一點是，很多年輕人，特別是香港的年輕一代，對自己的民族歷史和傳統文化了解得太少，也正因為這樣，導致了很多有價值的東西被逐漸遺忘，這讓李柏亨嘆息不已。

因此，他開始思考，能否通過自己的努力，去做出一點改變。

2021年末，李柏亨遇到了兩位90後的服裝設計師——易婷與蒙俞宏，以及她們的"國潮娃娃"項目。她們告訴李柏亨，國內很多小朋友人手一個的"芭比娃娃"，穿的是外國的服飾，臉上是外國人的面孔。為甚麼不能做一個穿我們自己國家傳統服飾的、黃皮膚黑眼睛黑頭髮的娃娃呢？

▌和孩子上手工技藝課，講解服飾特點

在教育行業打拚多年的李柏亨立刻意識到了"國潮娃娃"項目中教育與優秀傳統文化的傳承價值，這讓他想起，自己的外婆和媽媽以前曾是工廠裏面做針線手工的女工，她們偶爾會將手工藝品帶回家做，小時候的他也會幫著做一些針線活。

"我很享受一針一線創作出作品的這個過程，也希望能夠把這份樂趣帶給孩子。我們還深入地去想，怎樣把以前的一些歷史故事融入到這個娃娃裏，設計不同的服飾給娃娃穿。"李柏亨一邊說，一邊得意地將桌面上琳琅滿目的國潮娃娃一一展示給我們看。

　　"真正做到寓教於樂，讓孩子們輕鬆感受到中國傳統文化的魅力。"李柏亨秉持著這樣的一份理念，在朋友的介紹下，他了解到廣州市南沙區的多項支持政策，經過反復的研究與多方面的考慮，他最終選擇了將廣州柏晶文化傳播有限公司成立在廣州南沙的新華港澳國際青創中心。

　　他告訴我們，"國潮娃娃"項目對中國傳統非遺文化的傳承，除了體現在產品娃娃服裝的針線手工外，還體現在用於製作娃娃服裝的布料——珠三角地區獨有的非物質文化遺產"香雲紗"。在中共廣州市南沙區委宣傳部的介紹對接和幫助下，"香雲紗"現在已經成為了娃娃服裝布料的穩定供應來源。

　　現在，在廣州市南沙區豐富的創業、非遺政策支持的環境下，廣州柏晶文化傳播有限公司已經成為了非物質文化遺產"針線手工服飾製作技藝"的保護單位，並獲頒授為"非物質文化遺產傳承基地"。在推進粵港澳大灣區加速融合的政策背景下，李柏亨迅速成為了"連結粵港關係，講好中國故事"的傳媒寵兒，獲得了超過 50 次的中外傳媒專訪報道，並獲得中國外交部駐港公署"講好中國故事"優異獎。

　　"不要讓好東西被遺忘"，成為了李柏亨此刻努力的目標。

▌李柏亨運營的視頻賬號

5. 看到契機，也要有踏出去的勇氣

　　"唉，其實很多香港年輕人真的不太了解內地是怎麼樣的一種生活情況。"他說，"香港與內地從來都是相互促進補充的，內地迅速發展的科技水平、生活水平大家也是有目共睹，來看一看絕對不吃虧。"

和我們談到"最想對香港年輕人說的話"時，李柏亨靜靜地思考了很久。

他打開自己的社交賬號，向我們展示他拍攝的一些短視頻。雖然瀏覽量並不高，卻能夠看到李柏亨正努力地通過自己的出鏡"現身說法"，向港澳地區乃至於全世界，展示真實的中國內地。像移動支付、線上生鮮這樣的在香港沒有而內地有的東西，他都會如實地拍攝出來。

他說，想要了解內地的真實情況，甚麼途徑都比不上自己直接來一次。"不是那種過個關來吃個下午茶就回去的'來'，而是真真正正地選一個地方，比如南沙這邊，住上一兩個星期。這樣你就能相對來說更加全面地去了解內地人的生活，去感受內地不一樣的氛圍。"

李柏亨覺得，香港人與內地人的深入交往，常常能夠因為文化的不同而碰撞出思維的火

▋一針一線編織成
穿著美麗服飾的娃娃

▋柏晶文化在新華港澳國際青創中心的駐點

花，進而得到靈感。"我覺得大家真的應該努力融入大灣區這個環境裏，去看多一些東西，認識更多的朋友，改變人生的契機就自然而然地接踵而至了。"

他最後和我們說，自己從未後悔來到內地創業。創業不是等有了錢才開始，機遇很多時候要靠人來創造。

最初選擇人跡罕至之路的那個豁達而灑脫的年輕人，在 20 年後，依舊帶著夢想，繼續向前。

採訪手記：生活花絮

Q：現在很多年輕人也想藉助短視頻的途徑輸出自己的想法或觀點，但有時會無從下手或怯於出鏡。作為"視頻達人"，您有沒有一些小妙招可以分享給他們？

L：(笑) 還真沒有甚麼，只要真實地、自然而然地表達自己想說的就 ok 啦！主動說那些自己內心裏所想的話。

Q：創作人偶爾都會有靈感枯竭的時候，您一般會到甚麼地方去充電、找靈感呢？會去潮玩店或者玩具展嗎？

L：多上網和別人交流來尋找一些靈感吧。然後因為內地非常大，我會去很多不同的地方，在不同的城市間感受到它們不一樣的文化差異，接觸到不一樣的人，然後就會自然而然地得到新的靈感了。

（註：Q 為採訪者，L 為李柏亨）

11 香港科技大學（廣州）
碩士研究生蔡嘉雯

執著熱愛，在藝術與科技交融中點亮創意

"青年心聲"

蔡嘉雯 *Janet Choi*

● *2022 級香港科技大學（廣州）計算媒體與藝術學域碩士研究生*

"

　　興趣是我做研究的最大推動力。現在出現了很多新科技和新方向，假如我們總是以目的為導向，一旦得不到想要的結果，就很容易去懷疑之前的努力。但我覺得，如果我純粹是因為興趣而去做某件事，無論結果如何，我總會在過程中感到快樂，或者收穫啟發。

　　"跨學科的融合是需要長時間的累積，了解媒介特性才可以將文化信息和用戶場景進行有效結合"，蔡嘉雯目前是香港科技大學（廣州）計算媒體與藝術學域的一名碩士研究生。從小對藝術頗有興趣的她，先後在香港城市大學、英國的中央聖馬丁學院修讀創意媒體、材料設計方面的專業課程。2022 年，懷著進一步探索技術與藝術如何深度融合的願望，蔡嘉雯從英國來到南沙的港科大（廣州）進行深造。

　　現在，蔡嘉雯的研究方向是普及化康復科技，利用"電子＋模塊化"設計，為活動障礙者設計可普及化、可穿戴的康復設備。談起自己的目標和夢想，蔡嘉雯的眼裏閃爍出一抹熱切而堅定的光芒，她渴望自己的研究成果能夠為更多人帶來實質性的改變，為社會做出一點力所能及的貢獻。

1. 想法多多的"鬼馬少女"

"我覺得，我現在的科研方向選擇其實和我的個人性格和過往經歷都有很大的關係，我就是喜歡捉住一個興趣點，然後深入地去做研究。"講起自己眾多"新奇"想法的靈感來源及創作起點，蔡嘉雯認為可以追溯到自己的中學階段。

那時，學校開設了一門視覺藝術課程，讓蔡嘉雯初次接觸到裝置藝術。"老師沒有預先給我們限定主題，只是提出了作品形態的要求，比如雕塑或者平面設計。"這激發了蔡嘉雯的主動思考，也讓她愛上了親自動手設計、創造作品的過程。她回憶道："我比較喜歡從某個特定的媒介入手，去研究有甚麼主題能和這個媒介相關，從而進一步去思考怎樣創作一個有意義的作品。"

不過，由於在物理、數學等理科方面並不擅長，蔡嘉雯決定轉向文化藝術領域。而在她正式開啟研究探索前，還有一段曲折的歷程。"我先去美國的學校讀了電影學，可是在讀的過程中我發現課程都比較偏理論性，很少有機會給我參與實踐製作。所以經過一番深思熟慮後，我決定回到香港升讀高級文憑。"

■ 在美國求學時期的蔡嘉雯（左一）

與大多數讀完四年本科進而修讀相關碩士課程的學生不同，蔡嘉雯的求學之路似乎總在跨界，學習時間也史長。"雖然我的經歷聽著可能比較複雜，但這也讓我找到了自己發展的方向。"她不好意思地笑了笑。

2012 年，蔡嘉雯圍繞"情緒"這一主題創作了一個互動裝置。"最初，我們想了解患有情緒病病人的腦電波和普通人的腦電波有甚麼不同，但是我們很難找到足夠的樣本。後來我想，可不可以做一個藝術裝置幫助遭受情緒問題困擾的人羣緩解壓力呢？"於是，她和同學一起頭腦風暴、動手撰寫策劃案，並在老師的指導下不斷進行修正和完善，最終製作出了名為"Integrated Branching City（融和、衍生與城市）"項目。也正是這個別出心裁的項目，成為了蔡嘉雯考入香港城市大學創意媒體學院新媒體專業的一個重要"加分項"。

在香港城市大學學習期間，蔡嘉雯修讀的創意媒體專業讓她接觸到更多不同的媒介工具，除了傳統的雕塑、剪紙，更有融合影視藝術、數字媒體藝術、電子遊戲、互聯網技術等

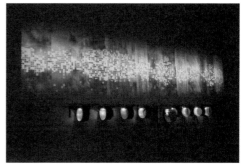

▌"融和、衍生與城市"項目展示圖

創新互動媒體。而她也發現,藝術通過科技的表達形式,不但具備觀賞價值,更有應用價值,由此她關注的領域逐漸從單純的藝術文化邁向"以人為本"。

回想起之前自己所做的腦電波作品,蔡嘉雯認為,儘管這個作品獲得了積極的反饋,達到了幫助人們表達情緒的目的,也讓更多人關注到現代人普遍存在的情緒問題。然而,在蔡嘉雯的心中,卻始終有一個小小的遺憾:"我意識到,單純從藝術的角度創作的作品,可能未必真正做到我想做的事情。我想要更進一步,創作出一些真正能為特定人羣帶來幫助的作品。"

為了學習更多知識,將文化藝術與科學技術有機結合起來,從而創作更多有價值、有影響的作品,蔡嘉雯在完成本科學業後,從事過電視節目助理編導、編碼老師等多份工作。這讓她積累了寶貴的工作經驗,還對不同行業有了更深入的認識和理解。

2019 年,蔡嘉雯選擇赴英國攻讀"未來材料"的碩士學位。在這門充滿創新與探索的學科中,科學、技術與設計的交匯激發了無盡的創意火花,啟發著學生從源頭上探索材料的無限可能性。在這段求學旅程中,蔡嘉雯不僅夯實了技術知識,更發掘了各種具有獨特特性的材料媒介。

更重要的是,她慢慢找到了自己的研究和創作理念。

2. 我希望醫療可以更有溫度

為了彌補當年那個未完成的"遺憾",讓作品真正實現"以人為本"。2022 年,蔡嘉雯申請入讀了港科大（廣州），成為計算媒體與藝術學域的一名碩士研究生，繼續在媒體和藝術領域裏深耕與實踐。

"當時我對 3D 打印、變形設計比較感興趣。在這邊學習和研究的過程中，我接觸到一些工程師，他們說我的設計可以應用到專供中風患者等活動能力受限人士的工具上。"經過調研，蔡嘉雯發現，現有的許多工具都沒有以用戶為中心去進行設計，更別提為活動能力受限人羣針對性設計的產品了。

"可能很多設計是出於工程師的角度，或者只考慮了實用性、功能性方面的因素，比如為了保證耐用而採用金屬材料，但這會給使用者帶來'冰冷'的感覺。"意識到這個問題，蔡嘉雯在自己的設計上加入了更多人文關懷的元素。

為了了解目標使用人羣的真實需要，蔡嘉雯找到幾位中風患者以及他們的家屬進行採訪，"他們並不想受到過度的關注，也不想將自己困於'需要被幫助的人'的角色。然而現有的康復工具會放大他們與其他人的區別，突顯了特殊性。"

於是，蔡嘉雯決定將康復工具與服裝穿戴的個性表達結合，從物理和心理層面都給予用戶關懷。這不僅提高了產品的便利性，也降低了顯眼度。與此同時，她希望這款產品能夠讓用戶參與設計，增加個性化的互動功能，比如由用戶決定顏色、形狀等，讓每個用戶都能獲得獨特的體驗，從而贏得他們的喜愛和信任。同時，這種個性化設計也能激發用戶主動使用工具進行康復訓練的興趣。

在蔡嘉雯眼中，實用性與美感之間並非水火不容，而是可以共存共融。她過去在藝術和

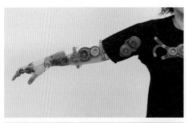

▋ 無障礙康復設備 3D 打印模型

▋ 項目研究和動手製作是生活中的一大樂趣

媒介領域的學習經歷，為她的研究提供了堅實的基石。感性與理性的思維在蔡嘉雯頭腦中碰撞，迸發的創意火花都充分展現在她的作品之中。

另一方面，她也關注到部分醫療器械價格高昂、使用門檻高的問題，因此她決定把研究重點放在普及化康復科技上。"比如用3D打印技術生產一些低成本的零件，讓用戶可以組裝自己的訓練工具。我希望運用'電子+模塊化'設計，為活動功能障礙者設計可普及化、可穿戴的康復設備，幫助他們提高生活質量。"

然而，科研的道路上少不了困難與挑戰。對蔡嘉雯而言，製作出個性化、高效、方便、廉價的康復訓練工具不僅需要設計方面的知識，還需要學習數據處理、生物醫學工程等方面的內容。

■ 蔡嘉雯（右三）與老師、同學合影

■ 在課堂上介紹項目研究

談及此，蔡嘉雯特別提到，在港科大（廣州）讀書，令她覺得驚喜，而且很有意義的一點是學生可以自由選讀不同學科的課程。"這裏開設的很多課程對我來說都很有用，而且遇到問題的時候也能隨時和相關學科的教授進行探討。"

對比傳統高校，港科大（廣州）採用全新的、融合學科的學術架構，以"樞紐"和"學域"取代傳統學科學術架構的"學院"和"學系"，同時大力發展新興學科和前沿學科。這種設置既有效推動了學科交叉融合，也為學術創新和研究開闢了更廣闊的空間。

蔡嘉雯自言從小"數學不及格"，她笑著說道："在國內的其他大學，很難選修其他學科的課程，但在這裏，我不只是一個聽從指示做研究或實驗的執行者，而是在制定研究方向上有更大的自主程度，當提出計劃獲得導師支持後，我就可以馬上開始做。"

此外，學校還設有多種不同類型的研究小組，包括導師的研究組和碩士的分組項目，這些小組之間相互補充，有力地推動了科研工作和學術工作的深入。蔡嘉雯表示，她加入了"智能穿戴裝置"項目組後，還認識了研究芯片、精密材料、柔性傳感器及人機工程學的朋友，

"如果只有我一個人，就算我很喜歡嘗試不同的東西，也很難了解到他們這麼專業的知識。"

3. 跨學科的創新離不開堅實的支持

出生、成長都在中國香港，又曾經在美國、英國以及中國內地的杭州有過求學、生活經歷，是甚麼契機吸引蔡嘉雯來到廣州南沙發展的呢？

對於這個問題，她和我們分享說："南沙其實為港澳青年提供了許多政策上的便利和支持。另外我在這邊做研究的成本相對低，無論買材料、找廠商都比較容易。"講到這裏，她還俏皮地補充道："港科大（廣州）距離慶盛高鐵站還很近，交通上很方便，週末我也會經常回香港和家人相聚。"

現在，蔡嘉雯報讀的是港科大（廣州）的"紅鳥碩士項目"。該項目聚焦醫療健康、可持續生活、智能工業化這三個前沿領域，通過項目引導式的創新教學方法，積極探索"以學生為中心"的跨學科人才培養新模式，持續為社會培養和輸送複合型創新型人才。

蔡嘉雯說："學校還組織了很多 Career Talk，讓我們有更多機會與企業接觸，和企業家對話，了解行業的研究成果和發展趨勢，以及現在科技發展的趨勢。"得益於此，她可以將所學的知識、個人研究的成果與產業實踐相結合，更好地思考如何運用跨學科的知識和能力

▋蔡嘉雯在"大灣區十大傑出港生評選 2023"現場

■ 魚菜共生系統裝置

■ 香雲紗藝術裝置　　　　　　　　　　■ 克服畏高的 VR 設計演示圖

去解決行業的實際問題。"同時，我也會帶著自己的項目去參與活動，看看有沒有甚麼合作的機會，或是詢問一些行業專家的意見，作出更進一步的產品完善或技術創新。"

問及畢業後的打算，蔡嘉雯表示她想繼續做普及化醫療的項目，基於現有的成果進行下一步的延伸落實。她考慮過讀博士，也想過開公司，也會開始嘗試參加創業類和設計類的比賽。不久前，她攜最新研究成果參加了"大灣區十大傑出港生評選 2023"，勇奪學術成就獎第二名，還獲評了"十大傑出港生"。通過在廣州南沙的學習和交流活動，蔡嘉雯近距離感受到南沙區的創新創業氛圍，也看到了南沙對港澳青年發展提供的政策支持，她期待未來能將自己的項目成果落地南沙，為這片熱土注入更多的活力和創意。

不過蔡嘉雯稱自己不懂創業，純粹只是"想法比較多"，她說："其實我對很多東西都感興趣，但是怎樣可以將興趣可以變成一個能維持生活，同時實現可持續發展的項目，是我現在思考的問題。"

做過宣揚非遺文化的"香雲紗藝術裝置"，設計過專門面向老年人使用的"魚菜共生系統"，正在研究幫助中風病人的康復穿戴裝置……蔡嘉雯的每一次創造和探索，都是將科技與藝術深度融合的見證，充滿著人文關懷和前瞻性思考。相信未來，她定能向更多人呈現科技與藝術的結合之美，在上下求索的過程中發現自己的更多可能，為世界帶來更多的驚喜和感動。

█ 生活中的蔡嘉雯熱愛嘗試新事物

採訪手記：生活花絮

Q：您說過自己小時候其實數學並不那麼好，但現在看您的研究方向和參與過的項目，很多都會涉及計算或技術方面的知識，很好奇是怎麼做到的？

C：其實，現在很多時候遇到數學問題，我都依然不知道怎麼做。不過，當我做研究項目，或者一些應用性研究的時候，我是從自己提出的問題出發的，所以我特別知道自己想做甚麼，需要回答的問題是甚麼。這樣的話，就會有一個目標立在那裏，我就會朝著目標去做，把興趣和動力全部投入其中，想盡方法去解決。但如果純粹是數學課，做一道題目的話，我可能就會覺得沒甚麼興趣，所以會覺得比較難。

Q：學習以外的時間，會有甚麼比較特別的愛好嗎？

C：我會接觸和學習一些新東西，比如學習新的軟件。好像之前我學習了建模，但那個是偏向精確和專業的軟件，現在更想做一些人物、雕塑之類的模型，就會去學習使用另一個方面的建模軟件。我覺得這個學習過程挺好玩的，另外我完成建模以後又可以用 3D 打印機打出來，做一個自己的作品，這個過程會很有成就感！

（Q 為採訪者，C 為蔡嘉雯）

112

01 政策知多點：綜合篇

　　廣州南沙，作為深化面向世界的粵港澳合作的重要平台，肩負國家和省、市賦予重要的歷史使命，具有十分重要的戰略地位。2017 年 5 月，廣東省第十二次黨代會要求南沙"建設成承載門户樞紐功能的廣州城市副中心"後，舉全市之力共建南沙成為廣州市的"一把手"工程。目前已形成了國家新區、自貿試驗區、粵港澳全面合作示範區和承載門户樞紐功能的廣州城市雙中心協同推進的發展新格局。

　　近年來，南沙區堅持創新鏈與產業鏈融合，突出創新經濟、數字經濟、海洋經濟、總部經濟導向，重點做實做強做優實體經濟，構建戰略性新興產業和未來產業為引領、先進製造業和現代服務業"雙輪驅動"的現代產業體系。

2012 年

《廣州南沙新區發展規劃》獲得國家批覆，南沙新區成為繼上海浦東新區、天津濱海新區之後，國家在東部沿海京津冀、長三角和珠三角三大經濟發展引擎地區設立的又一個重要的國家級新區。

2019 年

《粵港澳大灣區發展規劃綱要》由中共中央、國務院發佈實施，提出打造廣州南沙粵港澳全面合作示範區。進一步明確了在南沙推進粵港澳全面合作，攜手港澳建設高水平對外開放門户，共建創新發展示範區，建設金融服務重要平台，打造優質生活圈。

2022 年

國務院印發了《廣州南沙深化面向世界的粵港澳全面合作總體方案》（以下簡稱《南沙方案》），明確提出南沙要加快建設科技創新產業合作基地、青年創業就業合作平台、高水平對外開放門户、規則銜接機制對接高地和高質量城市發展標杆，打造成為立足灣區、協同港澳、面向世界的重大戰略性平台，在粵港澳大灣區建設中更好發揮引領帶動作用。

一"業"知秋，觀察南沙新動態，權威專家教路！

掃碼聽解讀

謝寶劍

暨南大學經濟學院教授、博士生導師，特區港澳經濟研究所副所長，省人文社科重點基地——廣東產業與粵港澳台區域合作研究中心主任

　　暨南大學經濟學院教授、特區港澳經濟研究所副所長謝寶劍認為，《南沙方案》是大灣區建設的又一重要部署，也正是立於對外開放潮頭的又一"妙手"。支持廣州南沙深化面向世界的粵港澳全面合作，無論對於推動廣州高質量發展，還是大灣區深化改革擴大開放，以及豐富"一國兩制"的實踐內涵，都具有重大意義。

　　對於廣大港澳青年來說，南沙區已在學習就業、創新創業、安居樂業三方面搭好大舞台，正等待有識之士乘勢而上，大展拳腳。

產　業

高新技術做軸帶動多樣產業發展

◆ 高新技術唱主角

建設科技創新產業合作基地是《南沙方案》的重要內容，這是南沙高質量發展的必然要求。

近年來，南沙在汽車、高端裝備製造等先進製造業領域持續發力，第三代半導體、生物醫藥、商業航空、新型儲能等新興產業蓬勃發展，制度創新成果顯著，門戶樞紐能級持續增強。

2022 年 12 月，《廣州市規劃和自然資源局關於支持南沙製造業發展若干措施的通知》印發，強化自然資源要素保障，為南沙高新技術發展再度注入強心劑。

2023 年上半年南沙地區生產總值超千億元，高質量發展勢頭非常迅猛。

在第九屆廣州國際投資年會上，南沙區一舉成為廣州市首個簽約總投資額突破兩千億元的區。在簽約的 91 個重點項目中，涉及產業包括高端製造業、數字產業、生物醫藥行業等。

高質量發展的快車道上，高新技術正是跑得最快的那一輛車。謝寶劍認為，南沙的征途正是"芯晨大海"。

"未來，南沙將繼續以加快發展'芯'片和集成電路研發製造為核心，以航空航天、人工智能、生物醫藥等創新發展，承載'晨'光和希望的戰略性新興產業和未來產業為引領，以強化

▌中科宇航產業化量產基地

▌廣汽豐田生產線

▌粵港澳大灣區暨"一帶一路"（廣州·南沙）法律服務集聚區

發展高端裝備製造、智能製造、汽車等'大'製造為根本，以聚力發展'海'洋經濟為導向，加快建設南沙的'芯晨大海'。"

◆ 專家研判：多樣產業發展迅猛

高新技術產業具有顯著的溢出效應，隨著南沙區高新技術產業持續做大做強，對會計、法律以及金融等專業服務業的需求也會水漲船高，而這些領域正切合港澳青年的獨有優勢。

"設計諮詢、金融理財、法律服務和智能科技等行業既是港澳地區的優勢，又是當前珠三角產業轉型升級過程中亟需補齊的短板，而學習、從事相關行業的港澳青年擁有專業知識儲備。首先，在港澳地區國際化的背景下，不少土生土長的港澳青年擁有開闊的國際視野，英文水平、工商服務知識水平、創新創造意識等方面也更為出眾。"

▌南沙明珠灣靈山島尖

　　其次，南沙還擁有良好的自然環境稟賦，又是古往今來廣州對外開放的重要窗口，歷史文化和文旅資源較為豐富，具有發展文化產業的土壤。

就業創業

支持港澳青年就業創業措施誠意十足

　　2020 年，南沙區政府印發《廣州南沙新區（自貿片區）鼓勵支持港澳青年創新創業實施細則（試行）》，全方位支持港澳青年在南沙發展。2023 年，《廣州南沙新區（自貿片區）鼓勵支持港澳青年創業就業實施細則》（以下簡稱《實施細則》）在三年前的試行版上"加量不加價"，不僅調整了申請門檻，補貼力度更是"再下猛料"，吸引更多港澳青年走進南沙、了解南沙、扎根南沙。

◆ 就業補貼

三年前，在南沙就業的港澳青年要申請就業補貼，除了需要一份與南沙區用人單位簽訂的2年以上勞動合約，還得在合約對應單位實際工作滿1年。現在直接"腰斬"，1年合約，工作半年，或者持有執業資格證書，並在南沙區用人單位實際從事與其執業資格證書相一致或相近的專業技術及管理工作6個月以上，就能申請補貼。不過，其申請門檻有所調整，申請對象限定為大專（專上教育，含副學士）以上全日制高校畢業生。

就業獎勵也"飆紅"，學歷水平與獎勵額度直接掛鉤，從大專學歷的1.5萬元一直到博士的12萬元《實施細則》還新增每月最高5千元薪金補貼，每半年可申請一次，最多可申請三年；以及技術技能提升補貼，給予獲取職業資格、技術職稱和執業資格證書的港澳青年最高9萬元補貼。

◆ 創業支持

有心追逐創業夢，政策打包致行遠。一次性落戶補貼再"擴容"，在南沙區註冊成立並依法履行納稅義務6個月以上的港澳青創企業都歡迎；補貼上限也"翻番"，最高30萬元的補貼資金是試行版的3倍。

除此之外，《實施細則》還對在南沙區創辦企業的港澳青年給予全鏈條補貼與獎勵，涵蓋了獲獎補貼、政府資助配套獎勵、場地租金補貼、參展補貼、創業成長獎勵、貸款貼息補貼、擔保費補貼、企業保險補貼等項目，獎補資金最高可達370萬元，助力港澳青創企業細水長流。

同時開闢港澳青創企業落戶綠色通道，提供登記註冊、場地租賃、人才招聘、法律諮詢等全方位服務。

◆ 專家研判：配套措施將持續改善

建設港澳青年安居樂業的新家園，南沙在打造配套措施投入上也不含糊。

安居樂業，就要路有所通。南沙正在鋪開一張便利的交通網：從慶盛站出發，坐高鐵到達香港西九龍站最快僅35分鐘；正在建設的南中高速（南沙—中山）通車後15分鐘可到深圳、中山；而乘上廣州地鐵18號線最快約30分鐘可達廣州中心城區……

安居樂業，就要心有所屬。近年來，南沙圍繞"建設南沙城市副中心"，"打造粵港澳優質生活圈"等建設目標，開展了一系列文體旅陣地設施建設，推進公共文化服務共享，建設人文灣區。南沙在城市核心區域建設南沙體育館、少年宮、圖書館等大型文化設施，並引入了全市首個民生類 PPP 模式項目——南沙網球運動中心，進一步彰顯南沙開放、活力、時尚的城市文化氣質。

▌南沙網球運動中心

▌南沙區圖書館

下一步，南沙將繼續推進全民健身中心、博物館等大型文化體育場館規劃建設。推進公共文體服務基礎設施高標準建設，大力加強人工智能、5G 等新一代信息技術與場館建設及對外服務相結合，提升南沙區公共文化服務質量。

儘管當前尚存在部分政策適配性不足、一些領域專業資格的互認等問題，但這些並不是無解之題。一個更具吸引力的南沙港澳青年社區值得期待。

商　業

打造高水平對外開放門户底氣足素質硬

◆ 五項優勢打造南沙開放核心競爭力

為甚麼南沙可以成為粵港澳大灣區高水平對外開放的門戶？謝寶劍指出了南沙五項特有的優勢：

▍南沙港區

　　第一，區位優勢好，聯動城市強。南沙位於粵港澳大灣區的幾何中心，同時也是廣州乃至廣東全省參與"一帶一路"倡議陸海統籌的樞紐鏈節，特別是隨著深中通道的開通，南沙將成為廣深雙城聯動的樞紐節點。

　　第二，開發開放時間早，製造業基礎實。經過多年的發展，南沙已經具備了完善的制度創新和產業發展基礎，經濟總量突破 2000 億元，並湧現一批汽車製造業龍頭企業，還落地和佈局了一系列的科技創新平台載體。

　　第三，港口資源好、建設速度快。港口是南沙的核心資源，是大灣區國際航運樞紐的重要組成部分。隨著自動化碼頭建設和港鐵聯運模式的實施，以及航運服務功能平台和航運服務業的發展，南沙港的國際航運物流樞紐功能將得到進一步提升。

　　第四，政策體系全，改革創新強。南沙是國家級新區、廣東自貿試驗區三個片區之一、粵港澳全面合作示範區，多重政策疊加，改革開放創新功能強大。近幾年，南沙又先後獲批國家

■ 南沙國際人才港

■ 南沙綜合保稅區企業倉庫內景

進口貿易促進創新示範區、綜合保稅區、國際化人才特區、跨境貿易投資高水平開放試點等
國家級重大平台政策。

　　第五，協同港澳優勢顯著。南沙與港澳的合作基礎好，粵港澳三地合作開發意願比較強
烈，具有推動粵港澳全面合作的獨特優勢。《粵港澳大灣區發展規劃綱要》將南沙定位為粵港
澳全面合作示範區。相比於其他重大合作平台，南沙空間廣闊，粵港澳合作潛力大，特別是隨
著香港科技大學等標誌性項目的落戶，將為協同港澳注入新活力和新動力。

專家視角：
前瞻觀察

人才引領驅動

港澳青年是推動南沙建成高水平對外中心的重要動力

謝寶劍認為，建設具有全球影響力的粵港澳大灣區高水平人才高地，需要一批國際化高端人才，形成最具創新創造活力的國際人才比較優勢。而南沙向港澳青年敞開大門，體現了廣納天下賢才的戰略思考。

謝寶劍相信港澳青年將是南沙走向世界的重要夥伴，他高度評價了港澳青年的國際視野和思維以及專業特質。

"通過這種專業特質、專業精神去參與到南沙開發開放過程中，也是支撐南沙作為一種協同港澳的平台，作為南沙發展的踐行者，南沙聲音的傳播者，講好南沙發展的故事，吸引更多海內外的人才資金和要素，創新資源等集聚南沙。所以港澳的年輕人對南沙的開發開放也好，高質量發展也好，對實現南沙的功能定位和使命也好，都是一個有力的支撐。"

▍港澳青年在南沙

給青年們的
暖心 Tips

"

　　首先，作為新時代的青年，大家應多了解和認識大灣區；增強自身專業素質，提升社會適應能力；積極投身在灣區的見習與體驗；在投身灣區建設中挖掘自身發展的機遇和機會；做好灣區的主人翁，珍惜美好家園，為維護港澳的繁榮穩定和長治久安做出自己應有的貢獻，肩負起新時代青年學生的使命擔當，共享祖國繁榮富強的偉大榮光。

　　其次，作為一名工作中的社會人，要學會結合個人優勢與行業發展前途制定個人職業規劃，特別是自己所在的行業。比如了解所在行業究竟是有政策資源還是資金扶持、行業前沿正在攻關哪些領域項目、當前行業有甚麼比較好的創新創業的特質等，同時也要對自身的比較優勢有所把握和了解，與社會需求進行比較好的匹配。

　　最後，南沙發展正當頭，我希望港澳年輕人可以更好的沉浸式認知南沙，深入地去比較、解讀和理解南沙的各項政策，充分用足用好南沙開發開放的政策紅利。

"

Q1：在南沙區創業就業的港澳青年還能享受甚麼福利？

A1：

1. 住宿補貼

申請對象：在南沙區就業創業的港澳青年。

申請條件：港澳青年應滿足以下條件：

（1）與南沙區用人單位建立 1 年以上期限的合法勞動關係，在南沙區實際連續工作 6 個月以上，且申請補貼時社會保險關係仍在南沙區；或是在南沙區註冊成立並正常經營 6 個月以上的港澳青創企業的港澳青年股東；或參加香港特別行政區政府實施的 "大灣區青年就業計劃"，計劃實施期間在南沙實際工作（或就業）6 個月以上。

（2）在南沙區實際居住（包括但不限於租房、購房等形式），且當前未享受安家補貼、住房補貼、人才公寓、共有產權住房或其他相似形式的住房優惠政策。

獎補標準：每人每月 1000 元。

獎補期限：每年一次，最長不超過 3 年。

2. 生活補貼

申請對象：在南沙區就業創業的港澳青年。

申請條件：港澳青年應滿足以下其中一項條件：

（1）提供與南沙區用人單位 1 年以上期限的合法勞動關係證明，在南沙區實際連續工作 6 個月以上，且申請補貼時社會保險關係仍在南沙區。

（2）在南沙區註冊成立並正常經營 6 個月以上的港澳青創企業的港澳青年股東。

（3）參加香港特別行政區政府實施的"大灣區青年就業計劃"，計劃實施期間在南沙實際工作（或就業）6 個月以上。

獎補標準：每人每月 1500 元。

獎補期限：每年一次，最長不超過 3 年。

3. 醫療保險補貼

申請對象：在南沙區就業創業的港澳青年。

申請條件：港澳青年應滿足以下其中一項條件：

（1）提供與南沙區用人單位 1 年以上期限的合法勞動關係證明，在南沙區實際連續工作 6 個月以上，且申請補貼時社會保險關係仍在南沙區。

（2）在南沙區註冊成立並正常經營 6 個月以上的港澳青創企業的港澳青年股東。

（3）參加香港特別行政區政府實施的"大灣區青年就業計劃"，計劃實施期間在南沙實際工作（或就業）6 個月以上。

獎補標準：

（1）基本醫療保險補貼按照個人繳納部分進行補貼。

（2）商業保險補貼按照申請人在境內取得經營保險業務許可證、營業執照且合法經營的保險機構購買的保費金額進行補貼。

（3）基本醫療保險和商業醫療保險可同時申請。

（4）每年補貼金額最高不超過 5000 元，且不超過實際發生的費用總額。

獎補期限：每年一次，最長不超過 3 年。

相關名詞解釋

❶ 《南沙方案》是甚麼？

　　全稱為《廣州南沙深化面向世界的粵港澳全面合作總體方案》，是為加快推動廣州南沙深化粵港澳全面合作，打造立足灣區、協同港澳、面向世界的重大戰略性平台，在粵港澳大灣區建設中更好發揮引領帶動作用而制定的方案。實施範圍明確為南沙全域 803 平方公里，同時提出以總面積約 23 平方公里的南沙灣、慶盛樞紐、南沙樞紐 3 個區塊作為先行啟動區，並賦予了先行啟動區鼓勵類產業企業減按 15% 所得稅稅率徵收企業所得稅等優惠政策。

❷ 甚麼是 PPP 模式?

　　PPP（Public-Private Partnership）模式，是指政府與社會主體之間，為了合作建設城市基礎設施項目或提供某種公共服務，以特許權協議為基礎，彼此之間形成一種夥伴式的合作關係。採用 PPP 模式既可以減輕政府財政負擔，也可以減小社會主體的投資風險，同時加快基礎設施的建設並有效運營。

02 | 政策知多點：居住篇

　　"安居"是"樂業"之本，住有所居、居有所安是港澳青年羣體的所需所盼。自粵港澳大灣區建設以來，迎來了千帆競渡、百舸爭流的新一輪發展熱潮，眾多港澳青年嘗試來到大灣區內地城市就業創業，然而"買不起房"和"租不好房"的現實困難卻成為港澳青年難以融入灣區內地城市、實現個人發展的痛點。

2019 年 11 月

廣州南沙首批共有產權住房對外供應，首次在保障房領域面向港澳人士開放申請；

同年 12 月，南沙發佈《關於進一步便利人才及港澳居民購買商品房的通知》，港澳居民在南沙區範圍內購買商品房享受與廣州市户籍居民同等待遇，為港澳居民到南沙區置業提供了較大的便利。

2022 年 6 月

《廣州南沙新區（自貿片區）支持港澳青年創業就業"新十條"措施》發佈，獎補力度全國領先，對符合條件的港澳青年提供港澳青年公寓或給予每人每年最高 2 萬元住宿補貼，支持符合條件的港澳青年購買共有產權住房。

2023 年 5 月

南沙啟動全國首個港澳青年公寓住房公積金按月付房租項目，繼續助力南沙吸引港澳人才、促進穩業安居⋯⋯至此，南沙已建立起"安居補貼＋人才公寓＋共有產權住房"人才安居保障體系，切實解決了港澳青年在南沙就業創業的後顧之憂。

住房、購房問題多多？
權威專家教路！

掃碼聽解讀

黃　敏

房屋領域專家

廣州市南沙區政協委員

廣州南沙開發建設集團有限公司副總經理

　　針對住房問題，房屋領域專家，廣州南沙開發建設集團有限公司副總經理黃敏認為，對大多數年輕人來說，離家獨自生活是一種成人禮，但對長期缺乏住房的港澳青年而言，這通常是一個負擔不起的夢想。香港位居全球房價最貴城市的榜首，澳門房價亦持續高企，這種情況下"羣居式"迷你公寓、劏房等，成為年輕人的"蝸居"之所。而距離香港約 120 公里、澳門約 99 公里的廣州南沙則打破困境，為港澳青年提供了更多的住房選擇。

　　目前南沙區提供的共有產權住房、港澳新青寓、租房補貼等各類便利，在一定程度上能大大減輕了青年人羣的壓力。

■ 南沙明珠灣起步區

住房問題

共有產權住房、港澳新青寓、租房補貼，提供多樣化居住選擇

2019 年，南沙區出台面向港澳居民的購房普惠措施，豁免了港澳居民所需的在南沙區居住、學習或工作年限證明，以及繳納個人所得稅、購買社保等條件限制，在南沙區範圍內購買商品房享受與廣州市戶籍居民同等待遇。

打通港澳居民購房政策，無疑會吸引更多港澳青年來熟悉南沙，了解南沙，融入南沙；另外，南沙作為粵港澳全面合作示範區，目前房價水平依舊在大灣區各城市中處於窪地，2023年上半年南沙橫瀝島、黃閣等板塊房價重回兩萬多元每平方米，對於有計劃在灣區內地城市長期發展，有置業想法的港澳青年而言，南沙是一大好選擇。

◆ 共有產權住房

南沙鼓勵港澳青年購買共有產權住房，在黃敏看來，共有產權住房一定程度上豐富了目前的住房供應體系，成為多元化供給體系的有益補充。

港澳青年申購共有產權住房的條件實際上也比內地人士更加寬鬆，主要有三點要求：

一是港澳青年申請人應滿足 **35 周歲以下**，具有經教育部認證的**大學學士及以上學位**，能提供在區域內有效的工作、學習和居留證明；

二是**沒有在南沙享受過**高端領軍人才安家補貼、購房優惠和人才公寓相關政策，或者雖已享受相關政策，但願意退出；

三是申請人及共同申請家庭成員在南沙**無自有產權住房**。

◆ 租房

租房方面，南沙就業的港澳青年可以選擇領取住宿補貼，**標準是每人每月 1000 元，3 年的補貼週期**；也可以申請南沙專為港澳青年設立的港澳新青寓，僅需要承擔**市場租金標準 50% 的房租**，即可享受家電傢具配置齊全的公寓。目前 **50 平方米**左右的公寓戶型，每月僅需支付約 **800 元租金**，而且優惠期限**最長 3 年**。

◆ 港澳新青寓

港澳新青寓是全國首例可用住房公積金付房租的港澳公寓項目，能有效運用閒置的公積金交納房租，並且實現每月自動劃扣，無須人工辦理，是南沙為港澳青年打造便捷生活場景的暖心服務。

據悉，港澳新青寓還提供健身房、公共廚房、閱覽室、樂活互動空間等配套設施，讓港澳青年享受快捷省心的"拎包入住"。目前港澳新青寓第一批的 22 套房源入住率達 100%，後續還將持續不斷地提供多戶型多地段的公寓滿足不同類型港澳青年的入住需求。

▌港澳新青寓內部環境圖

▌周邊設施配套齊全、交通便利

配套問題

公共服務機構先後落地，"港式社區"逐漸成形

解決了"房"的問題，想進一步實現"安居"，讓更多港澳青年享受舒適便捷的生活，離不開完善的生活配套。

近年來，南沙持續加快發展速度，聚焦服務品質提升，高質量城市發展標杆建設進一步取得突破，目前針對港澳青年"樂遊、樂學、樂業、樂創、樂居"的公共服務保障體系已基本成形。民心港人子弟學校、港式金牌全科門診部、粵港澳聯營律師事務所等國際化公共服務機構先後在南沙落地，港澳青年的新家園正一步步從藍圖走向現實。

◆ 港式社區

值得一提的是，目前南沙慶盛樞紐約 1.63 平方公里地塊，正積極建設粵港深度合作園港式社區，利用"南沙土地＋香港經驗"提升南沙區的城市建設水平，將制度優勢轉化為治理優勢，打造吸引創新人才的優質場所。

▌慶盛樞紐先行啟動區

　　未來，港式社區還將引入香港科技園南沙孵化基地、國際學校和醫院、境外來粵居民辦事中心等項目，周邊商業配套有新鴻基慶盛交通樞紐綜合體（在建），打造粵港居民認同的宜居宜業環境。

◆ 周邊配套

　　針對如何進一步完善周邊配套，吸引港澳人才落戶南沙，黃敏認為，接下來政府應堅持政策體系始終如一落實到位：

　　首先，扎實做好產業發展，為港澳青年提供更多就業機會。

　　其次，加強穗港澳交流，讓越來越多港澳青年了解南沙。

　　第三，持續推進港澳居民在南沙教育、醫療、養老、住房、交通等民生方面享有與內地居民同等的待遇，實現《南沙方案》賦予南沙的建設港澳青年安居樂業新家園的歷史使命。

◆ 交通出行

　　在出行交通方面，目前南沙的大灣區"半小時交通圈"已取得良好成效。

　　從慶盛站出發，坐高鐵到達香港西九龍最快僅 35 分鐘；搭乘地鐵 18 號線，最快 30 分鐘便可到達廣州中心城區；南珠（中）城際正式開工建設，通車後 15 分鐘即可到達中山；獅子洋通道通車後，南沙自貿區和東莞濱海灣新區這兩大經濟發展平台還可實現異地串聯。

　　此外，南沙還將計劃打造具有濱海特色的水鄉碧道、觀海碧道、閱城碧道；完善軌道 800 米出行圈、社區 15 分鐘生活圈和橋下閒置公共空間，構建舒適宜人的軌道社區生活圈。

專家視角：
前瞻觀察

未來發展

首提雙核，乘風而上，"灣區之心"再躍升

　　《南沙方案》發佈後，廣州舉全市之力推進南沙建設。在 2023 年廣州市政府工作報告中，更提到"強化規劃引領高質量發展，優化形成'一廊一帶、雙核五極'的多中心、網絡化城市結構"，首次提出中心城區和南沙新區的"雙核"概念，再度升級南沙區域地位。

　　從城市副中心到首提"雙核"，在開展新一輪南沙總體發展規劃、國土空間總體規劃編制之時，政府工作報告亦進一步明確了規劃理念，按照"精明增長、精緻城區、嶺南特色、田園風格、中國氣派"的理念，未來的南沙，將為世界留下最大的想象空間。

　　黃敏同樣提到，未來廣州南沙開發建設集團有限公司將按照《南沙方案》的部署，不斷提升業務能級。

　　"目前我們在慶盛啟動區正開發建設灣區創新港項目，在萬頃沙區域已經開工面向港澳青年的集經營辦公、生活居住、文化娛樂於一體的綜合性創客社區，在明珠灣我們將啟動運營南沙國際會展中心，進一步提升南沙作為粵港澳大灣區中心節點的輻射帶動功能。"

宜居的南沙正用全方位的魅力吸引港澳青年留住腳步，這裏集山、水、城、田、海於一身，擁有南沙濕地、森林公園、天后宮等寶貴生態資源和文化資源；有中山大學附屬第一醫院、廣東省中醫院等7所三甲醫院；還配有完備的"上管老、下管小，全家無憂"人才保障服務體系，解決人才發展"後顧之憂"，是聯合國"全球最適宜居住城區獎"金獎獲得者、"中國最具幸福感城市（城區）"……

一直以來，南沙以在空間上居於粵港澳大灣區幾何中心而著稱，被譽為"灣區之心"。如今，新的發展號角吹起，使命之新推動格局之變，南沙正在向宜居宜業宜遊的"未來之城"邁進，張開懷抱，期待更多港澳青年的光臨。

▋南沙天后宮

▋南沙水鳥世界生態園

▋南沙聚星橋

給青年們的
暖心 Tips

"

　　南沙是整個大灣區的幾何中心，是廣州的新核心區，珠江東西兩岸的交匯之地，從香港來南沙乘船大約七十分鐘，如果乘坐高鐵，從西九龍到南沙慶盛最快約 35 分鐘，交通非常便利。南沙發展空間非常廣闊，土地面積有 803 平方公里，當前人口才一百萬左右，當然這幾年人口也增長得非常快，我們的很多產業和工作本身也服務於港澳青年，相信港澳青年在這裏的發展空間會非常廣闊。

　　人們對未知的事物總是會更謹慎和恐懼，但是對於那些好的東西，一旦了解了，便很快會喜歡上它們。就我這幾年的工作感受，南沙是一個非常包容，而且對港澳青年尤其包容和友好的地方，大家儘可以大膽地來南沙闖一闖，試一試。大膽地尋求支持，大膽地溝通你的想法和意願，大膽地朝夢想進發，相信南沙一定能給你的夢想助力。

"

資訊指引

Q1：申請港澳新青寓需要符合甚麼條件，如何申請港澳新青寓？

A1：

申請人條件

（1）申請人為南沙區港澳台青年創新創業基地創業、就業的港澳青年，年齡為 18 周歲至 45 周歲，申請人應為人才公寓實際入住人；

（2）申請人、配偶及未成年子女在南沙區無自有產權住房，且當前未享受住房保障（含公共租賃住房、廉租住房、單位自管房、住房補貼）；

（3）申請人持有有效的港澳居民來往內地通行證，並已領取或承諾半年內申領廣州市公安機關簽發的港澳台居民居住證。

申請流程

符合條件的申請人，向所就業或創業的青創基地遞交《南沙區港澳新青寓公寓申請表》、港澳身份證明、勞動合約等材料進行申請。

青創基地經營管理單位負責收集初審申請人材料，於 3 個工作日內提交申請材料至南沙區政策兌現窗口。待審核通過後，通知港澳青年在規定時間內簽訂租賃合約，憑繳費證明可辦理入住手續。

申請人持證	➕	其他材料
港澳居民來往內地通行證 港澳台居民居住證		《南沙區港澳新青寓公寓申請表》 港澳身份證明 勞動合約等

 **審核流程**

收集初審申請人材料 ▶ 政策兌現窗口審核 ▶ 簽訂租賃合約 ▶ 辦理入住手續

Q2：港澳新青寓住房公積金按月付房租怎麼使用，怎麼辦理？

A2：租住"港澳新青寓"的港澳青年只需登錄"廣州住房公積金管理中心"微信公眾號或網上辦事大廳，即可申請"按月付房租"，整個流程做到零資料、零跑腿網辦，而且一次辦理整個租期內有效。

　　成功申請後，不僅可以享受免按金優惠和南沙區政府給予的租金補貼，還可以每月由住房公積金管理部門直接將其住房公積金劃轉給租賃企業，實現無感劃扣。

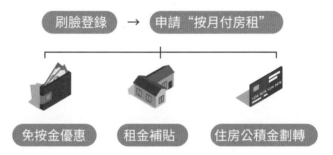

刷臉登錄　→　申請"按月付房租"

免按金優惠　　　租金補貼　　　住房公積金劃轉

Q3：共有產權住房可以再出手嗎？

A3：可以，但購買共有產權住房後想要上市流轉，有嚴格的時間限制：

購房未滿 5 年	不允許上市退出，如果不得不退出，由受委託的區屬國有企業回購購房人的產權份額。
購房 5-8 年	可轉讓給符合共有產權住房購買條件的家庭，保留共有產權住房的性質。
購房滿 8 年	可按規定上市轉讓房屋產權，將產權性質轉變為商品住房。

相關名詞解釋

❶ 甚麼是共有產權住房？

《廣州南沙新區試點共有產權住房管理實施細則》所稱的共有產權住房，是指政府提供政策支持，由開發建設單位按照有關標準開發建設，向符合條件人羣提供，銷售均價低於同地段、同品質商品住房價格水平，並限定使用和處置權利，實行政府與購房人按份共有產權的政策性住房。

❷ 港澳青創"新十條"內容是什麼？

全稱為《廣州南沙新區（自貿片區）支持港澳青年創業就業"新十條"措施》，由南沙區於 2022 年 6 月 30 日正式發佈，是南沙為港澳青年全新打造的專屬政策。"新十條"支持措施給予個人最高 51.5 萬元的獎補資金，給予企業最高 450 萬元的獎補資金，獎補力度全國領先，為推動港澳青年在南沙創業就業賦予最強動能，具有"人無我有、人有我優"的顯著特點。

❸ 港澳新青寓是甚麼？

港澳新青寓位於廣州市南沙區，是南沙區面向港澳青年推出的保障性租賃住房，租住"港澳新青寓"的港澳青年成功申請"按月付房租"後，不僅可以享受免按金優惠和南沙區政府給予的租金補貼，還可以每月由住房公積金管理部門直接將其住房公積金劃轉給租賃企業。

2023 年港澳新青寓的租金標準：16 元 / 平方米 * 月；水電費用、物業管理費等按實際使用情況收取，費用按月支付，由南沙區人才公寓運營主體——廣州南沙人才樂居公司統一代收代繳；租賃合約一年一簽，租期一年。

03 政策知多點：創業篇

　　隨著營商大環境和政策的雙向加碼，來南沙創業已成為港澳青年步入大灣區投資興業的首選，越來越多的港澳青年將目光投向了南沙這座新興城市，希望在這片熱土上實現自己的創業夢想。但創業過程中的挑戰不容忽視，特別是大多數港澳青年不太熟悉內地市場的營商環境，難以準確地挖掘內地市場的痛點和機遇，從而不敢邁出來南沙創業的第一步。

　　針對港澳青年創業的痛點，政府打造了支持港澳青年創業就業的"組合拳"措施，出台一系列普惠性扶持政策，助力港澳青年來南沙創業就業。

2022 年 6 月

國務院正式印發《廣州南沙深化面向世界的粵港澳全面合作總體方案》(以下簡稱《南沙方案》)，明確將"創建青年創業就業合作平台"作為五大任務之一，提出 2025 年將南沙打造成為港澳青年安居樂業新家園的目標任務。

2022 年 12 月

《廣州南沙新區（自貿片區）鼓勵支持港澳青年創業就業實施辦法》(以下簡稱《實施辦法》)印發，釋放最強集聚效應，匯聚粵港澳大灣區青年人才在南沙創新發展，全面助力南沙打造成為立足灣區、協同港澳、面向世界的重大戰略性平台。

如何邁出創業第一步？
權威專家教路！

掃碼聽解讀

陳經湛

民革廣東省第十四屆委員會祖統委員會委員
廣州市港澳台青年創新創業基地聯盟理事長
廣州專創信息科技有限公司董事長

　　針對創業問題，創業領域專家、廣州專創信息科技有限公司董事長陳經湛認為，南沙作為粵港澳大灣區建設的核心區域之一，被賦予"立足灣區、協同港澳、面向世界"的重大戰略性平台的新使命，一直以來都歡迎和鼓勵港澳青年來創新創業，與南沙一起共享發展新機遇。

　　但由於港澳青年對內地發展現狀和政策不熟悉，擔心伴隨創業產生的風險，行動上往往會猶豫不決。為此，除了在政策方面發力，國家出台《南沙方案》等一系列利好政策外；南沙區委區政府還充分發揮南沙區位優勢、政策優勢，進一步優化港澳青年來南沙創新創業的環境，打造了眾多服務港澳青年創新創業的平台，港澳青年可以好好把握政策機遇和藉助平台服務，減少創業初期的經營成本和面臨的風險困難。

南沙 "新十條"

全方位打造創業支持鏈條

為吸引港澳青年在南沙創業，《廣州南沙新區（自貿片區）支持港澳青年創業就業 "新十條" 措施》（以下簡稱 "新十條"）推出多項有力舉措：

◆ 企業落戶綠色通道

"新十條" 提到，符合規定的港澳青年來南沙創業，可以享受**港澳青創企業落戶綠色通道**，獲得登記註冊、場地租賃、人才招聘、法律援助等全方位支持和最高**三百七十萬元**創新創業獎補資金。

◆ 四項獨有 "新" 條款

"新十條" 還增設了南沙獨有 "新" 條款，全國首創 **"薪金補貼"，"職業資格、技術職稱和執業資格證書補貼"，"促進就業獎勵"，"一卡走南沙"** 四項獨有條款。

◆ 衣食住行 "新" 鏈條

在居住、醫療、教育等方面，南沙構建支持配套 "新" 鏈條，從**就業、職場能力提升、安居置業、生活就醫**等方面構建全方位就業保障獎補政策。

陳經湛認為，"新十條" 措施直面港澳青年在南沙就業創業的實際問題，多措並舉打消港澳青年在南沙創業的後顧之憂，為他們創業、就業發展方面提供了極具吸引力的條件和環境。

他還表示，從政策發佈到政策兌現，南沙區都在逐步推進落實這些支持港澳青年創業的補貼與獎勵措施，目前已有不少在南沙創業的港澳青年獲取了相關的創業補貼與獎勵，這也極大增強了港澳青年在南沙創業的信心。

多項政策

多項政策合力激發人才活力，全力打造灣區人才高地

2022 年 6 月，《南沙方案》發佈，南沙自此被賦予了更高戰略定位，逐步構建起**"共性政策＋特色專項政策"**為一體的區級政策體系。

◆ 特色專項政策

陳經湛認為，為了激發人才活力，只有共性政策的穩定發力是不夠的。為此，南沙還通過不同的產業促進政策支持港澳青年創新創業，在獨角獸企業、科技創新、集成電路等方面推出了十餘項政策覆蓋面廣、針對性強、支持力度大的特色專項政策、補貼與獎勵，為港澳青年創新創業提供實質性的支持。

例如，**南沙獨角獸"黃金牧場"九條、"科技創新十條"、"元宇宙九條"、半導體與集成電路"強芯九條"**等，這些都值得港澳青年重點關注。

◆ 人才政策

此外，南沙還配套多項人才政策，便於港澳青年扎根南沙創新創業，如發佈**國家新區首個"四鏈"深度融合政策體系**，將投入超過**二百億元**精準支持企業、人才發展。

2023 年 5 月，南沙還出台了《廣州南沙國際化人才特區集聚人才九條措施》，實施尖端人才領航行動、高端人才倍增行動、青年人才托舉行動等"九大行動"，更加強有力地支撐南沙國際化人才特區建設，全力打造灣區人才高地。

文化交流

以文化產業搭建灣區青年交流的紐帶

《南沙方案》中明確提出，加強文明傳承、文化延續。在此背景下，南沙積極響應政策需

求，聚焦文旅資源、政策優勢、區位特點，謀劃和打造了一批文化產業重點項目。此外南沙還積極搭建文化導向的交流媒介，以龍舟文化、輪滑文化、音樂文化等媒介為橋樑，助力灣區青年溝通交流。

■ 南沙濕地盃端午龍舟·農艇邀請賽

■ 明珠灣音樂節現場

例如，香港青年黃彬松結合自己在輪滑運動中的特長及產業經驗，有意願在南沙籌劃舉辦一屆大灣區青少年輪滑邀請賽。但港澳青年在內地舉辦一項大型賽事需要投入和考慮的因素很多，在這個艱難的過程中，青創基地發揮平台優勢，為其提供資金、資源等方面的支持。

在多方努力下，2023 年 3 月 18 日，"首屆粵港澳大灣區輪滑邀請賽"成功在南沙國際郵輪母港舉行。據統計，活動期間共吸引超過四十一萬人次投票關注，粵港澳三地有一百三十多支隊伍、一千二百多名青少年輪滑運動員和愛好者齊聚南沙，其中港澳選手二百餘名。

陳經湛認為，文化自信是青年一代需要堅守和傳承的。目前已經有很多傳統文化、潮流文化等類型企業也進駐南沙，為文化創新和融合提供了動力。未來，南沙將會充分挖掘入駐港澳青年的優勢力量，進一步開展人文品牌交流活動，讓南沙成為文化交融的熱土。

■ 首屆粵港澳大灣區輪滑邀請賽

專家視角：
前瞻觀察

未來孵化跑出“加速度”

“一站式夢工廠”為青年創業保駕護航

“南沙是灣區之心、未來新城，目前正處於起步加速期，對於青年而言將會有更多的機會。”

作為一名多年從事港澳台僑青年創新創業服務工作的專業人士，陳經湛對南沙的未來總是充滿信心。

南沙地處大灣區地理幾何中心，距離香港約 120 公里、澳門約 99 公里，交通便捷，有天然的區位優勢。政策方面，國家出台《南沙方案》，南沙也有全方位的自主政策，用強大的政策吸引、保障港澳青年來南沙創業。此外，不同於香港的高生活成本，南沙的創業、生活成本都較低。

▌南沙大橋

憑藉自己對灣區青年創業需求的多年研究，陳經湛深刻理解港澳青年的需求是多樣的，需求與政策的匹配、設想與最終成果落地都需要引路人和中間人的幫助。為積極響應《南沙方案》提出的"創建青年創業就業合作平台"，南沙迅速打造了多元化特色化青創基地矩陣。

截至 2023 年 7 月，南沙全區港澳台僑青創基地累計入駐企業（項目）1262 個，港澳項目 569 個，其中，創享灣綜合性示範平台已集聚 6 個青創基地，累計入駐港澳台僑企業（項目）共 181 個。

陳經湛也在南沙打造了兩家青創載體，基地累計入駐項目超過 100 個，其中專創國際青年社區位於創享灣，是該區域重點支持打造的港澳青創載體。該基地配備了專業化運營團隊和創業導師團隊，並從孵化到加速構建完善的軟硬件服務體系，能夠全方位滿足港澳台青年在不同發展階段的創業實際需求。

▌專創國際青年社區辦公環境

未來，專創國際青年社區將繼續深入貫徹落實《南沙方案》，進一步加強粵港澳台僑專業服務能力建設，助力港澳台僑青年積極融入國家發展大局。

給青年們的
暖心 Tips

"

其實我自己本身也是個創業者，一個服務者，也是同行者的角色。對於港澳青年，我認為當前是大家來南沙創業的最好時機。過來創業最關鍵的是邁出第一步。

如何在創業路上走得穩，走得遠？我覺得，首先要目標清晰，明確自身的賽道，並且足夠專注。當你選擇了創業之後，你就要將自己所有的經歷和資源都專注於這個項目上面，專注力是非常重要的。因為在創業的過程中，你可能會發現很多機遇，但不能說我今天想創業，明天想著另外一個項目，後天又想著另外一個賽道，這樣創業，失敗的概率是非常高的。

其次是要善於調動創業路徑上的所需要的資源來助力你的創業項目，比如政府資源、產業市場資源，還有身邊朋友圈的一些資源。

我希望港澳青年也像眾多前輩們一樣，用獅子山下這種大膽開拓的精神，抓住粵港澳大灣區發展的時代機遇，從南沙開始，一步一步地去實現自己的夢想。

"

資訊指引

Q1：港澳青年計劃在南沙區創業，註冊公司有甚麼流程和申請條件？有沒有一些機構或渠道能提供幫助和指導？

A1：根據 2023 年 8 月南沙區發佈的最新通告，目前港澳青年開辦企業採用的是線上網絡辦理形式，具體可通過登錄"廣州市開辦企業一網通平台"官方網站或在"廣州市開辦企業一網通平台"微信小程序中進行業務辦理。

材料準備

(一) 身份證明材料

1. 個人 (四選一)

(1) 往來內地通行證 (建議首選)

(2) 港澳台居民居住證

(3) 永久性居民身份證 + 當地公證文件

(4) 特別行政區護照 + 當地公證文件

2. 法人 (律師行公證文件)

(1) 週年申報表 / 董事會決議 (未滿一年需法團登記證)

(2) 註冊登記證

(3) 商業登記證

(二) 1-5 個備選的企業字號

以便在企業名稱申報中能順利通過。

(三) 一個合法住所 (經營場所)

需要該經營場所的準確地址描述、產權人名稱、聯繫電話等信息。

（四）有效證件及證件信息

企業股東（投資人）、組織機構成員（如公司的股東、董事、監事等）、財務負責人、工商聯絡員、辦稅員、購票員、銀行賬戶管理員、銀行支付聯繫人的有效證件及證件信息。

（注意：辦理材料標準若有變化，屆時請以"一網通"官方要求為準。）

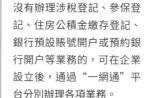 辦理流程

❶ 一網通辦　　>>>	❷ 分段辦理　　>>>	❸ 一窗通取
登錄"一網通"平台，根據系統指引填報相關信息，上傳已簽署確認的申請材料。	沒有辦理涉稅登記、參保登記、住房公積金繳存登記、銀行預設賬號開戶或預約銀行開戶等業務的，可在企業設立後，通過"一網通"平台分別辦理各項業務。	接收到辦理成功的短信通知後，申請人到住所（經營場所）所在的區政務服務中心"一窗通取"專窗，一次性領取"企業大禮包"。

申請創業補貼所需條件

滿足以下任一條件的港澳青創企業，可以申請南沙區相關的創業補貼：

● 港澳青年首次註冊登記持股比例 25% 及以上。

● 港澳青年以外資企業作為在南沙區註冊企業股東，且其持有外資企業的股份比例經折算後直接持有南沙區企業註冊實際權益持股 25% 以上。

相關指導機構

為了促進港澳青年創新創業順利落戶南沙，南沙目前共集聚了 13 家不同維度、各具特色的港澳台僑青創基地，如專創國際青年社區、南沙創享灣粵港澳創新

創業基地、粵港澳（國際）青年創新工場等，港澳青年可根據自身需求選擇合適的基地。

■ 南沙創享灣

■ 粵港澳（國際）青年創新工場

Q2：在南沙區港澳青年創新創業基地內租賃自用辦公用房、經營場地的港澳青創企業，如要申請場地租金補貼需要滿足甚麼條件？

A2：

1 企業自註冊成立至申報當年，應確保有發生實質業務，並依法履行納稅義務 6 個月以上。

補貼採用後補助方式，場地種類包括但不限於辦公場地、經營場地、商舖等，租賃場地應在經專項小組認定的青創基地內，且該租賃場地在申報期限內未享受財政租金類補貼。 **2**

Q3：若港澳青年已在南沙區註冊成立港澳青創企業，現打算申請《實施辦法》中提到的累計最高十萬的貸款貼息補貼，這項獎補標準是怎樣的？

A3：本獎補按照貸款市場報價利率（LPR）計算息口的 50% 給予補貼，補貼資金累計最高不超過三十萬元，補貼金額不超過實際發生的貸款息口總額。

相關名詞解釋

❶ 《實施辦法》是甚麼？

　　全稱為《廣州南沙新區（自貿片區）鼓勵支持港澳青年創業就業實施辦法》，圍繞南沙區產業政策總綱，落實國家、省、市有關工作要求，結合港澳青年在南沙就業發展、實習研修、創業發展、交流交往及安居樂業等方面的實際需求，設定補貼與獎勵共 30 項。

　　政策文本中提及的港澳青年指獲得香港或澳門特別行政區居民身份，年齡介乎18-45 周歲（含本數），承諾愛國愛港、愛國愛澳，堅決擁護"一國兩制"，在境內外無犯罪記錄的青年，包括永久性居民和非永久性居民。對於具有重要帶動作用或突出貢獻的，可放寬至 50 周歲。

04 | 政策知多點：就業篇

隨著粵港澳大灣區進一步深化發展，港澳青年來內地工作的人數持續增加。通過構建就業、創業載體平台，打通港澳服務體系等系列措施，廣東正持續吸引港澳人士在粵港澳大灣區"生根發芽"。

然而港澳青年在內地就業面臨著專業資格認證不互通、政策措施不了解、辦理證照手續煩瑣等問題。聚焦港澳青年內地就業的痛點難點，南沙出台港澳青年創業就業優惠措施、構建港澳青年就業創業服務體系、啟動港澳青年"灣區啟夢"雙創三年行動計劃、打造創享灣港澳合作交流示範基地，致力於讓港澳青年無憂就業，幫助港澳青年更好地融入南沙，融入內地。

2022 年 12 月

《廣州南沙新區（自貿片區）鼓勵支持港澳青年創業就業實施辦法》（以下簡稱《實施辦法》）印發，涵蓋了對港澳青年到南沙就業各方面需求的獎補幫助，為推動港澳青年在南沙創業就業賦予最強動能。

2023 年 1 月

《廣州南沙新區（自貿片區）鼓勵支持港澳青年創業就業實施細則》（以下簡稱《實施細則》）印發，切實為港澳青年營造了良好的就業環境和就業前景。

2023 年 5 月

《廣州南沙國際化人才特區集聚人才九條措施》（以下簡稱《九條措施》）頒佈，提出九方面的支持措施，進一步吸引各類人才前來南沙發展。

就業困難重重，擔心水土不服？
權威專家教路！

掃碼聽解讀

吳靜之

粵港澳大灣區精準醫學研究院副院長

長期以來，港澳地區產業結構較為單一，就業市場競爭激烈，近年更面臨著巨大的經濟下行壓力。在嚴峻的就業環境下，不少港澳青年選擇"北上"發展，築夢大灣區，已經成為新一代港澳青年事業發展的潮流之選。

自啟動粵港澳大灣區建設以來，南沙持續支持港澳青年在穗扎根發展，《南沙方案》等政策措施接連落地，為港澳創業青年提供了就業、生活等貼心保障。

粵港澳大灣區精準醫學研究院副院長吳靜之用前沿視角和專業分析，針對南沙的就業政策進行了多角度解讀，為港澳青年解決就業難題給出了切實的建議。

■ 南沙灣先行啟動區

就業舉措

獎補力度走在前列，構建"人才護城河"

吳靜之認為，"新十條"和《實施細則》從創業就業、職場能力提升、安居置業、生活就醫等方面構建了支持配套的"新"鏈條，為港澳青年創造了廣闊的發展環境。

南沙已步入高速發展的快車道，自 2012 年起 GDP 平均增速達 10.7%，2022 年 GDP 總量為 2252.58 億元。作為全國人才管理改革試驗區、粵港澳人才合作示範區、國際化人才特區，南沙將促進就業擺在優先位置，構建了覆蓋全區的"15 分鐘公共就業服務圈"，在全區 9 個鎮（街）及 165 個社區（村）實現公共就業服務網點全覆蓋。

此外，南沙還在廣州市率先打造服務港澳青年的公共就業服務平台，為港澳居民提供量身定做且突顯港澳特色的政策諮詢、職業指導等服務。

◆ 獎勵措施

根據《南沙方案》，獲得南沙骨幹人才認證的港澳人才，對申報並已實際繳納的個人所得稅稅額與測算納稅額的差額部分，給予獎勵補貼。

　　《實施細則》中還將對經廣州市南沙區推進粵港澳大灣區建設領導小組、灣區青年創新創業工作專項小組認定符合規定條件的申請對象給予補貼與獎勵，如對到南沙區就業執業、大專（專上教育，含副學士）以上全日制高校畢業生的港澳青年，按照**大專（專上教育，含副學士）1.5 萬元／人、本科 3 萬元／人、碩士 6 萬元／人、博士 12 萬元／人**的標準給予一次性就業獎勵。單個在南沙就業的港澳青年 **3 年最高可獲 51.5 萬元**獎補資金，另外還有實習支持與獎勵、活動補貼與獎勵等，幫助港澳青年在各階段無憂就業。

　　2023 年 5 月南沙新頒佈的《九條措施》也增加了許多獎勵措施：對領軍人才、傑出人才、優秀人才、菁英人才，分別給予**最高 1000 萬元、500 萬元、300 萬元、100 萬元**人才獎勵；鼓勵通過項目合作、顧問指導、定期服務等形式柔性引進高層次人才，按照不超過勞務報酬的 50% 比例給予**最高 200 萬元**人才獎勵。

◆ 薪金補貼

　　按港澳青年每月應納稅人工薪金的 20% 給予薪金補貼，每月補貼金額最高不超過 5000 元。以項目制在南沙區工作的執業港澳青年，按其在南沙區從事相關專業服務最近 6 個月的月均應納稅合法所得的 **20% 給予補貼**，每月補貼金額**最高不超過 5000 元**。

◆ 稅收優待

根據《南沙方案》，對香港人才，以其中國個人所得稅法計算的人工薪金應納稅所得額為基礎，**按照現行香港薪俸稅或利得稅標準稅率 15% 測算納稅額**；對澳門人才，以其中國個人所得稅法計算的人工薪金應納稅所得額為基礎，**按照現行澳門職業稅或利得稅標準稅率 12% 測算納稅額**。

◆ 南沙人才卡

為港澳青年發放**"港澳青年人才卡"**，符合條件的持卡者在南沙可享受居留、住房、子女入學、就醫、工商、稅務等全方位綠色通道服務，實現"一卡走南沙"。

就業資源

多平台多機構，新鮮資訊一手掌握

港澳青年來到灣區，由於生活環境和工作狀態的變化，難免會在交流、實習、就業、創業、置業等方面遇到"痛點"，為破解港澳青年來南沙發展的"瓶頸"，南沙建設了不少機構和平台幫助港澳青年更好地融入南沙，解決生活中可能出現的難題，吳靜之也特別提到了幾個代表性的機構、平台及它們提供的服務。

◆ 綜合服務類

創享灣：集交流、青創、科創合作平台於一體的青創基地，可以為粵港澳青年提供創新創業專業服務和休閒文化活力空間。

南沙區港澳青年五樂服務中心：從創新創業、實習就業、教育研修、交流交往、樂享宜居等五方面提供服務。

廣州南沙政務服務中心港澳青創分中心：為港澳創業青年落戶南沙提供政策兌現、稅收指引、投融資、企業培訓等"專家+管家"模式的服務。

大灣區國際人才一站式服務窗口：為各類人才提供便捷高效服務，構建"上管老下管小，全家無憂"人才服務體系，全方位保障人才發展。

▍港澳青年五樂服務中心

▍廣州南沙政務服務中心

◆ 資訊指導類

港澳人才招聘交流會：通過南沙經濟技術開發區人才發展局、南沙區人力資源和社會保障局、共青團廣州市南沙區委員會、南沙人才發展公司等機構經常組織的港澳人才招聘交流

▍粵港澳大灣區（南沙）面向世界高層次人才對接會現場

會，港澳青年可以更多地了解或實際感受南沙的就業環境，同時也可以通過"南沙人才""廣州南沙發佈""南沙青聯""南沙國際人才港服務平台"等微信公眾號或小程序了解相關動態資訊。

樂業百事通——南沙區港澳居民公共就業綜合服務平台：專門針對港澳居民設立的一站式公共就業創業綜合服務平台，引入南沙區港澳青年五樂服務中心作為平台運營主體，為港澳居民提供量身定做且突顯港澳味的政策諮詢、職業指導、創業指導、崗位推介、資源推介等就業創業服務。

◆ 科創協同類

粵港澳科技創新團體標準服務平台：充分發揮市場監管局和標準化研究院的職能和技術優勢，以粵港澳大灣區標準對接與應用為研究主題，創建服務大灣區、輻射內地的科技創新及成果轉化的團體標準服務，積極探索粵港澳三地標準互認互通和產業對接新模式。

粵港澳大灣區科研科創數算協同創新平台：由粵港澳三地重點高校和科研機構共同發起建設，未來還將接入更多來自大灣區的高校、實驗室、企業等科創主體，實現跨域跨層的科研科創數據共享流通、可信管理以及算力調度，打造立足灣區、協同港澳、面向世界的創新平台。

▌粵港澳大灣區國際數據空間暨科研科創數據流通研討會

▌全球 IPv6 測試中心廣州實驗室

專家視角：
前瞻觀察

多措並舉賦能就業沃土

全面激活人才"源動力"

《南沙方案》發佈近兩年來，國家政策和區位優勢雙管齊下，南沙將促進就業擺在發展的優先位置，為港澳青年打造了一個人性化、現代化、國際化的就業環境。

聚焦港澳青年就業創業的現實需求，南沙不僅深入實施支持港澳青年發展"五樂"計劃，出台港澳青創"新十條"政策，還根據深入的調研，增設"薪金補貼""證書補貼""就業獎勵""一卡走南沙"4項獨有措施，獎補力度全國領先。現已建成創享灣等港澳青創基地12家，入駐港澳台青創項目團隊（企業）超500個。

吳靜之認為南沙區的就業前景與發展空間十分廣闊，她指出，南沙在政策的支持下較為充分地實現了招商引資。2022年，南沙新設立企業19322家。其中，內資企業18955家，外商投資企業數367個，增長29.7%。創享灣和港澳青年五樂服務中心在接納港澳創新創業人羣方面已比較成熟。

另外，《南沙方案》確立的三個先行啟動區預計在2025年初見成效，2035年基本建成。慶盛樞紐先行啟動區被定位為粵港樞紐創新城區，落戶了香港科技大學（廣州）、港人子弟學校、越秀·iPARK穗港產學研基地，將為港澳青年在南沙融入國家發展大局提供一個絕佳的生活空間和築夢平台。

同時吳靜之提到，信息技術、高端製造、人工智能、健康醫藥等眾多戰略性新興產業在南沙崛起發展，並為港澳青年提供實習、就業的機會。

"像我目前工作所在的粵港澳大灣區精準醫學研究院是看中了南沙的發展優勢，而選擇在此落地。研究院也積極響應政策中提到的發展要求，為港澳青年提供實習崗位，並安排導師帶教和專業培訓。"

除此之外，研究院還積極舉辦各類大賽如粵港澳大灣區國際醫療器械創新創業大賽，為高水平人才提供專業的發展與展示平台。這恰恰與"新十條"中的"支持港澳青年交流交往","鼓勵支持在南沙區及港澳地區舉辦粵港澳青少年交流活動"的要求不謀而合。

　　隨著時代向前推進，相信未來南沙將會集聚更多高端要素，幫助更多港澳青年搭建更廣闊的"逐夢舞台"。

■ 博士後創新論壇

■ 粵港澳大灣區精準醫學研究院

■ 2023 灣區生命健康創新大會

給青年們的
暖心 Tips

"

　　南沙環境優美，充滿了機會和挑戰，是一個非常適宜安居樂業的地方，也是一個適合拚搏奮鬥的大舞台。有意前來發展的港澳青年可以重點關注其在就業創業和人才引進方面的政策措施。

　　南沙的發展步伐是高速的，像我們研究院建設僅用兩年多時間，已集聚起一批高水平的研究隊伍，總體人員將近兩百人，其中博士以上學歷的就有六十多位。未來，我們也將緊緊圍繞構建基礎研究、技術攻關、成果轉化、科技金融、人才支撐的全過程創新生態鏈，推動粵港澳三地的深度交流與融合發展推進。

　　我鼓勵大家都勇敢地去嘗試，多走出去看一看，甚至在這邊生活一段時間，尋找新的機遇，邁出創新的第一步。

"

資訊指引

Q1：香港青年參加香港特區政府"大灣區青年就業計劃"來到南沙發展，簽訂非內地勞動合約，能否享受到《實施細則》？

A1：能。雖然參加"大灣區青年就業計劃"的香港青年未能享受《實施細則》中"就業補貼"相關扶持內容，但如符合條件，可以申請每人每月1000元的"住宿補貼"、每人每月1500元的生活補貼，以及每年最高5000元的醫療保險補貼。

Q2：港澳台居民可以在內地（大陸）參加社會保險嗎？有甚麼要求？

A2：可以。在內地（大陸）依法從事個體工商經營的港澳台居民，可以按照註冊地有關規定參加職工基本養老保險和職工基本醫療保險；在內地（大陸）靈活就業且辦理港澳台居民居住證的港澳台居民，可以按照居住地有關規定參加職工基本養老保險和職工基本醫療保險。

在內地（大陸）居住且辦理港澳台居民居住證的未就業港澳台居民，可以在居住地按照規定參加城鄉居民基本養老保險和城鄉居民基本醫療保險。

在內地（大陸）就讀的港澳台大學生，與內地（大陸）大學生執行同等醫療保障政策，按規定參加高等教育機構所在地城鄉居民基本醫療保險。

港澳人士在大灣區內地城市購買醫療保險相關政策，包括港澳籍職工與內地職工在粵一視同仁享醫保待遇、在廣東就讀港澳學生享受醫保待遇、持內地居住證港澳居民可參加居民基本醫保等。

相關名詞解釋

❶ "南沙人才卡"是甚麼？

　　"南沙人才卡"是廣州市南沙區人才的服務保障，為區內高層次人才和骨幹人才提供包括醫療保障、消費優惠等 14 類 29 項個性化公共服務和市場化服務，聯動廣東省優粵卡、廣州市人才綠卡構建起三級人才卡的服務保障體系。在廣州市南沙新區（自貿片區）工作、創業的非本市戶籍國內外優秀人才，可申領廣州市人才綠卡，作為在廣州市居住、工作的證明，可用於辦理個人事務。

❷ 《廣州南沙國際化人才特區集聚人才九條措施》的內容是甚麼？

　　《廣州南沙國際化人才特區集聚人才九條措施》聚焦於高端人才，其中提出實施尖端人才領航行動、高端人才倍增行動、青年人才托舉行動、海外人才集聚行動、技能人才鍛造行動、人才貢獻獎勵行動、人才引育伯樂行動、人才多元評價行動、人才無憂服務行動等"九大行動"，高層次人才最高可獲 1000 萬元的人才獎勵。

05 政策知多點：學業篇

學習是立身之本、成事之基。近年來隨著粵港澳大灣區建設加速推進，南沙正在努力匯聚粵港澳大灣區科技力量，打造具有全球影響力的國際科技創新中心，進而催生一大批優質的教育、實踐、科研資源匯聚，不斷吸引港澳青年前來就學。為此，南沙推出一批相關政策，全方位賦能港澳青年在南沙的學業發展。

綜合部署

2022 年 6 月，國務院正式印發《南沙方案》，強調要"穩步推進粵港澳教育合作"，指明未來南沙教育事業的發展方向。

學業實習方面

2023 年 1 月，南沙印發《廣州南沙新區（自貿片區）鼓勵支持港澳青年創業就業實施細則》，構建港澳青年全方位保障獎補政策，並不斷擴展港澳青年就讀時在南沙實習的支持與獎勵。

科技創新方面

2017 年 10 月，南沙發佈《廣州南沙新區（自貿片區）促進科技創新產業發展扶持辦法》，且於 2020 年 6 月發佈相對應的實施細則（修訂稿）。

2022 年 8 月，南沙印發《廣州南沙新區支持科技創新的十條措施》。

2023 年 5 月，南沙推出人才新政，發佈《廣州南沙國際化人才特區集聚人才九條措施》。獎勵補貼覆蓋原始創新支持、技術攻關、成果轉化、產業升級、人才生態優化等科技創新全鏈條。

就學、實習問題多多？
權威專家教路！

掃碼聽解讀

陳子強

半導體領域專家、香港科技大學（廣州）
先進材料學域助理教授、香港科技大學電
子與計算器工程學系聯署助理教授、美國
克拉克森大學電氣與計算機工程系助理教
授、廣州拓諾稀科技有限公司創始人

　　學業是港澳青年就業、創業的基礎。半導體領域專家、香港科技大學（廣州）先
進材料學域助理教授陳子強認為，讓港澳青年接觸高水平前沿教育，並為其搭建豐
富、實力強勁的實踐平台，能夠極大拓寬港澳青年的視野，提高其就業、創業的核心
競爭力。

　　然而，目前港澳高校存在產學研銜接緊密度不高、辦學空間有限等問題，學生留
在港澳地區參與社會實踐的平台十分受限。而港澳青年來到科創產業蓬勃發展的南沙
就讀，能夠在各個領域都享有更廣闊的發展空間，並最大限度享受粵港澳科創產業合
作帶來的紅利。

■ 港科大（廣州）外景

就學問題

粵港澳教育合作顯成效，辦學國際化水平不斷突出

南沙積極推動各學段、各類型教育與港澳全面深度交流合作，逐步形成高水準、國際化的發展格局，不斷增強對港澳青年學子的就學吸引力。

◆ 高等教育

《南沙方案》提出，要打造高等教育開放實驗田、高水平高校集聚地、大灣區高等教育合作新高地。2022 年 9 月，**南沙首間高校—— 香港科技大學（廣州）**［以下簡稱 "港科大（廣州）"］正式開學，這是《粵港澳大灣區發展規劃綱要》頒佈實施以來獲批正式設立的第一所內地與香港合作的大學，標誌著南沙高等教育建設翻開新篇章。

▌港科大（廣州）校園環境

"與傳統的單一學科教育不同，港科大（廣州）推行融合學科教育和研究，旨在培養複合型創新創業領軍人才。"陳子強表示，"這種開創性且具有國際視野的教育模式，不僅切合香港、粵港澳大灣區、中國內地的需求，更順應全球時代發展脈搏。"

據悉，港科大（廣州）於 2023 年起招收港澳本科學生，港澳青年可通過"普通高等院校聯合招收華僑及港澳台地區學生考試（簡稱全國聯招）"入讀港科大（廣州）。

未來，南沙將以港科大（廣州）為引領，著力引進境外一流教育資源到南沙開展高水平合作辦學，推進世界一流大學和一流學科建設。

◆ 初等教育

南沙不斷完善港澳居民子女在南沙入讀中小學的便利政策，為港澳子弟提供優質多元的基礎教育服務。

廣州外國語學校附屬學校、廣東第二師範學院附屬南沙珠江學校**特設港澳子弟班**，兩所學校均有與港澳中小學締結為姊妹學校（園）並定期進行交流。內地首個 12 年制港人子弟學校——廣州南沙民心港人子弟學校也於 2022 年正式投入使用，學校綜合設置內地、香港、國際課程，打造多渠道升學路徑，滿足港澳子弟在南沙就讀的需求。

▌廣州外國語學校附屬學校　　　　　▌廣州南沙民心港人子弟學校

◆　職業教育

　　在職業教育領域，南沙鼓勵國際高水平的港澳職業教育培訓機構與南沙的院校、企業、機構合作建立**職業教育培訓學校和實訓基地**，積極推進粵港澳職業教育在招生就業、培養培訓、師生交流、技能競賽等方面的交流，建立職業教育資源共享機制。

實習問題

政企強強聯手，助力港澳青年走好圓夢灣區 "第一步"

　　《南沙方案》強調，要提升港澳青年在南沙實習的保障水平。南沙地區擁有眾多企業和創新項目，通過實習，港澳青年可以了解內地市場和發展機遇，更好地融入粵港澳大灣區的發展，且結合自身在港澳地區的生活學習經歷，拓寬職業發展視野，全面發展成複合型人才。

　　另外，港澳青年有機會結識來自內地及港澳地區的同行和專業人士，建立起廣泛的人脈資源。而南沙的多元文化環境也有助於港澳青年提升跨文化的溝通能力，以及在不同文化背景下的適應能力和競爭力。

　　陳子強表示，"南沙作為粵港澳大灣區的幾何中心，具有獨一無二的樞紐優勢，交通便捷，可方便地往返香港、澳門和內地其他城市，可以有效牽動周圍城市的溝通，因此形成巨大的產業發展潛力，而且有眾多先進製造業、現代服務業、科技創新產業等為港澳青年提供大量工作機會。南沙作為未來發展的新核心區域，目前及將來的政策支持力度也是無可比擬的，由此帶來的眾多優勢都有著巨大的吸引力。"

◆ "百企千人" 實習計劃

為了讓港澳青年在南沙實習擁有更廣闊的平台、更豐富的選擇，南沙開啟了"百企千人"實習計劃。

該計劃自 2016 年試點啟動至今，累計已吸納近 2100 名港澳青年學生在南沙完成實習。目前南沙的港澳青年學生實習就業基地已超 200 個，包括政府部門、金融機構、大型央企、港資企業等越來越多南沙企業、事業單位加入到這個龐大的矩陣中來。

2023 年 7 月，南沙開發區管委會與中山大學、暨南大學、華南師範大學、廣州中醫藥大學四所華南知名高校簽署了《共同推進港澳青年實習交流戰略合作框架協議》。南沙區相關負責人表示，將與各大高校探索建立雙方常態化協商交流機制和長效合作機制，開展多層次、寬領域、全方位的合作，攜手開創實習交流新局面。

▌2023 年港澳青年學生南沙 "百企千人" 實習計劃啟動禮現場

◆ 實習獎補

除了提供大量實習崗位外，南沙還有獎補政策為港澳青年在南沙實習保駕護航。《廣州南沙新區（自貿片區）鼓勵支持港澳青年創業就業實施細則》專門針對港澳青年實習設置獎補條款，呈現出力度大、覆蓋面廣等特點，具體涵蓋以下三方面：

(一) 實習獎勵

申請對象：參加南沙"百企千人"實習計劃且符合條件的港澳青年學生。

申請條件：港澳青年學生應通過香港中學文憑考試、澳門升讀大學入學考試後一年內或高校在讀，且經廣州市南沙區青年聯合會（簡稱"區青聯"）與港澳青年學生實習就業基地（簡稱"實習就業基地"）共同評為"優秀實習生"。

獎補標準：每人給予一次性3000元獎勵。

獎補期限：一次性。

(二) 實習就業基地獎勵

申請對象：在南沙區的實習就業基地。

申請條件：

1. 實習就業基地應常態化接收參加政府部門短期實習實踐項目的港澳青年學生。

2. 實習就業基地接收的港澳青年學生應完整完成實習實踐項目，且實習期限為4至12週。

獎補標準：每接收一名港澳青年學生給予2000元獎勵，針對同一港澳青年，申報單位僅可申請一次，其他申報單位不得重複申請。

獎補期限：一次性。

(三) 實習補貼

申請對象：在南沙區參加港澳應屆畢業生"職場菁英"就業見習計劃的港澳青年。

申請條件：港澳青年以高校應屆畢業生身份參加"職場菁英"就業見習計劃，並與實習就業基地簽訂3至6個月期限的實習或見習協議；每名港澳青年僅可申請一次。

獎補標準：每人每月補貼4000元。

獎補期限：最長不超過6個月。

專家視角：
前瞻觀察

未來發展

"產學研"深度融合，為港澳青年搭建更多科技創新實踐平台

南沙堅持以科技創新引領高質量發展，不斷匯聚大院、大所、大裝置、大平台、大產業，厚植科技創新土壤，並在"產學研"深度融合這一關鍵環節上持續發力，著力破除制約創新要素流動的壁壘。

《南沙方案》明確將"建設科技創新產業合作基地"列為五大建設任務之首，並提到要打造"香港科技大學科創成果內地轉移轉化總部基地"。南沙強化與港澳聯合創新，著力打造"港澳成果＋南沙轉化＋灣區應用"的科技產業生態鏈，目前在與港科大（廣州）進行"產學研"合作方面，已取得突出成果。

▌元宇宙聯合創新實驗室

港科大（廣州）與近 10 家行業龍頭、領軍企業建立了聯合實驗室，包括港科大（廣州）—趣丸科技人工智能聯合實驗室、港科大（廣州）—中國移動元宇宙聯合創新實驗室、港科大（廣州）—大普通信高性能時鐘芯片聯合實驗室等。

陳子強表示，聯合實驗室的建立是高校與企業合作的關鍵舉措。通過聯合實驗室，學生和老師可以更快速、更有效率地理解產業需求和難點，再通過學校的科研平台去提供新思路和新方法來突破瓶頸或者另闢蹊徑達到原始創新與產業需求相結合的效果。這也意味著通過聯合實驗室培養出來的學生不僅擁有扎實的基礎知識，也會具備實用的創新能力，可以有效融入企業和社會。

現如今，科技成果的低轉化率已成為制約科技發展的重要因素。企業以市場需求為導向，對科研成果有強烈的需求卻不知從何下手，而高校定位前沿科學研究，得出的成果往往無法滿足市場需求，從而形成轉化難的問題，雙方在需求對接上嚴重失調，是造成科研成果低轉化率的最主要原因。因此，成立聯合實驗室也是實現"產學研"的重要途徑，將企業與學校的優勢有機結合，能有效提高科研效率，形成強大的研究、開發、生產一體化的完善系統，先進的科研力量能更順暢地轉化成生產力，進一步帶動南沙的區域發展。

▌陳子強教授在指導學生做實驗

▌與學生們的合照

據悉，目前已有超過 90 位香港及境外教授的團隊依託霍英東研究院開展面向大灣區的科技研發和成果轉化工作，切實推動港澳科研成果落地南沙。如今粵港澳（國際）青年創新工場（以下簡稱為"創新工場"）的港科大系創新企業已經超過 30 家，且全部是科技型公司。

陳子強指出，創新工場由南

沙區政府與霍英東研究院合作共建，平台組織創業培訓、宣講及香港科技大學百萬獎金（國際）創業大賽等一系列資源對接活動，幫助大灣區青年更好地孵化企業，促進科技成果向社會轉化，實現科技成果商業化、產業化。

▌香港科技大學霍英東研究院外景

▌粵港澳（國際）青年創新工場內景

部分港澳青年畢業後，可能會選擇自己創業。陳子強提出，如果港澳青年在學習的同時，能夠運用已有知識去聯想出不同的概念、產品，他們就可以慢慢將知識轉化為產業。"產學研"深度融合，可以為港澳青年提供更多實踐機會和創新平台，並讓港澳青年更快融入企業的運轉當中。

正如《南沙方案》所述，未來"南沙區域創新和產業轉化體系更趨成熟，國際科技成果轉移轉化能力明顯提升"，港澳青年來南沙發展學業，定能擁有更廣闊的天空。

給青年們的
暖心 Tips

"

作為港科大（廣州）一名青年教師的同時，我也是一位創業者，在南沙這邊和學生一起創立了廣州拓諾稀科技有限公司，主要聚焦於第三代、第四代半導體的外延片，提供氮化物及氧化鎵相關的外延片的製造銷售和為半導體器件做結構設計。目前公司已經運營了一年多的時間，在研發上也有了不少顯著的成果。

未來社會的發展會更加智能化、數字化和全球化，對於人才水平的需求也會有更多方位的提升。我希望青年們可以多接觸不同學科的知識，把自身培養為複合型人才，不僅是對於課程內容的學習，更要學會關注社會和國家的發展。

其次，內地的文化、生活環境、政策方面可能會和港澳地區有所不同，儘量保持開放包容的心態，用好身邊現有的資源和南沙這邊所提供的便利，努力實現自我價值，為推動粵港澳科技創新合作貢獻青年力量。

"

資訊指引

Q1：香港科技大學（廣州）有甚麼辦學特色？學生畢業後的就業前景或晉升方向有哪些？

A1：香港科技大學（廣州）是一所國際化的新型大學，和香港科技大學共同構成"香港科技大學 2.0"。學校所有專業均為新興前沿學科，採用全新的、融合學科的學術架構，通過設置"樞紐"和"學域"的學術架構，打破了傳統大學以學院和系為基礎的學科壁壘；通過實施書院制和導師制，以本碩連讀和本博直讀的貫通式培養模式培育面向未來的創新型人才。

2023 年經教育部批准，香港科技大學（廣州）首年本科招生設置三大專業：人工智能、智能製造工程、數據科學與大數據技術，均引領著技術創新和產業變革，發展和應用前景極為廣闊。本科實行大類培養與分階段培養，學生在第一、二學年不分專業，主要進行本科通識課程和專業基礎課程學習。第二學年末學生將根據自身興趣與專長自主選擇專業，並於第三學年進入所擇專業進行深度學習。

本科畢業後可選擇在本校修讀碩士或博士，亦可申請中國香港或歐美國家學校讀碩、讀博深造。畢業生還可以在大灣區或世界知名企業工作，或自己創業，發展方向眾多。

▌港科大（廣州）內景

Q2：港澳子弟入讀南沙區公辦義務教育學校，可以關注哪方面的政策方案？招生對象是甚麼？

A2：可以關注每年印發的《南沙區港澳子弟入讀公辦義務教育學校方案》。

以 2023 年方案為例，小學一年級招生對象為當年 8 月 31 日（含 8 月 31 日）前年滿 6 周歲且持有港澳台居民居住證的港澳居民隨遷子女（或持證的適齡兒童）。

初中一年級招生對象為當年 8 月 31 日（含 8 月 31 日）前年滿 12 周歲且持有港澳台居民居住證的港澳居民隨遷子女（或持證的適齡少年）。

非起始就讀年級（即小學一年級和初中一年級的）符合條件的持有港澳台居民居住證的港澳居民隨遷子女（或持證的適齡兒童），以實際居住地為主，結合地理狀況、交通狀況、人口分佈、學校規模等因素統籌入讀南沙區義務教育階段公辦學校非起始年級。

相關名詞解釋

❶ 甚麼是港澳青年學生南沙"百企千人"實習計劃？

　　港澳青年學生南沙"百企千人"實習計劃，是指由共青團廣州市南沙區委員會（簡稱"團區委"）、區青聯發起，常態化接納港澳青年在南沙區開展不少於 4 週的實習，植入人文交流、公益活動、文體活動等元素的品牌項目。

❷ 甚麼是"職場菁英"就業見習計劃？

　　港澳應屆畢業生"職場菁英"就業見習計劃，是指由團區委及南沙區政府部門發起，常態化接納港澳青年在南沙區開展 3 至 6 個月就業見習的品牌項目。

❸ 甚麼是"港澳子弟班"？

　　2019 年 9 月，廣州市率先在中小學開設港澳子弟班，招生對象為在穗持有港澳台居民居住證的港澳籍人士的適齡子女，為他們在廣州就讀提供多元化且有質量的義務教育公共服務。

書　　名　築夢在灣區：港澳青年的南沙故事

編　　寫　本書編委會

總 策 劃　應中偉

總 統 籌　楊　俊

責任編輯　高靖雯　歐曉娟

文字校對　栗鐵英　江綺華

書籍設計　楊詩韻

音頻播講　林奕翹（粵）　吳倩桐（粵）　簡瞳（普）　狐狸尾（普）

音頻後期　陳柏琪

視頻拍攝　又一文化

視頻合成　顧家欣

出　　版　三聯書店（香港）有限公司

　　　　　香港北角英皇道 499 號北角工業大廈 20 樓

　　　　　廣東大音音像出版社

　　　　　廣東省廣州市荔灣區百花路 10 號花地商業中心西塔 1106

香港發行　香港聯合書刊物流有限公司

　　　　　香港新界荃灣德士古道 220-248 號 16 樓

印　　刷　美雅印刷製本有限公司

　　　　　香港九龍觀塘榮業街 6 號 4 樓 A 室

版　　次　2024 年 6 月香港第一版第一次印刷

規　　格　16 開（172mm×240mm）192 面

國際書號　ISBN 978-962-04-5414-1

　　　　　© 2024 Joint Publishing (H.K.) Co., Ltd.

　　　　　Published & Printed in Hong Kong, China.